生物化学
实验教程

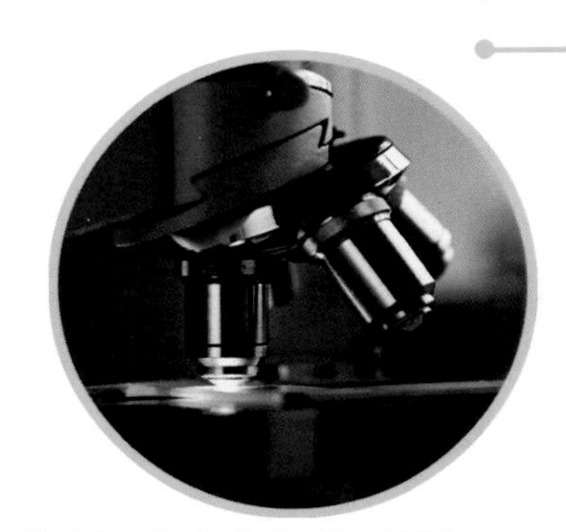

SHENGWUHUAXUE
SHIYAN JIAOCHENG

主　编： 祝顺琴　刘万宏

副主编： 胡　凯　邹　建　简　伟

编　委（按姓氏拼音排序）：

陈　楠（重庆科技学院）　胡　凯（重庆文理学院）
鞠静丽（西南大学）　李晨曦（重庆师范大学）
李勇昊（重庆科技学院）　肖训焰（西南大学）
徐　杉（重庆师范大学）　姚　波（重庆科技学院）

西南大学出版社
SWUP 国家一级出版社 全国百佳图书出版单位

图书在版编目(CIP)数据

生物化学实验教程 / 祝顺琴, 刘万宏主编. — 重庆:
西南大学出版社, 2022.3
新理念新技术高校实验教程
ISBN 978-7-5697-1290-2

Ⅰ. ①生… Ⅱ. ①祝… ②刘… Ⅲ. ①生物化学－化学实验－高等学校－教材 Ⅳ. ①Q5-33

中国版本图书馆CIP数据核字(2022)第029673号

生物化学实验教程

祝顺琴　刘万宏　主　编

责任编辑:杜珍辉　鲁　欣

责任校对:赵　洁

装帧设计:闰江文化

排　　版:瞿　勤

出版发行:西南大学出版社(原西南师范大学出版社)

重庆·北碚　邮编:400715

网址:www.xdcbs.com

印　　刷:重庆紫石东南印务有限公司

幅面尺寸:195mm×255mm

印　　张:16.5

插　　页:2

字　　数:317千字

版　　次:2022年3月　第1版

印　　次:2022年3月　第1次印刷

书　　号:ISBN 978-7-5697-1290-2

定　　价:45.00元

前言
PREFACE

生物化学课程主要从生命大分子结构与功能、物质的合成与代谢等方面介绍生命科学基础理论知识。高质量的生物化学实验对提升生物学、医学、农学等与生命科学相关专业学生的实验技能、强化学生对生物化学理论知识的理解具有重要作用。

本书的主要内容源于五所高校使用的教学讲义,归纳总结多年教学经验,提炼出普遍开设的生物化学实验进行编撰整合。这些实验在本科教学中具有较好的可行性。全书共九章,包括生物化学实验室安全规范、生物化学实验基本操作规范、常见的生物化学实验技术以及糖类、脂类化学、蛋白质化学、核酸化学、酶与维生素、生物氧化与新陈代谢等章节,既有基础实验也包含设计性实验和综合性实验。主要对实验室规则、安全与防护知识、基本实验操作以及基本技术等方面进行了简单的介绍,同时对生物化学实验技术与涉及的原理和操作进行了较为详细的分析。

本书可作为高等院校生物科学、制药工程、医药卫生、环境科学、农学等相关专业的实验教材,也可作为相关专业科研人员和教育工作者的参考书。

尽管我们在编写过程中尽力做到完善,但由于水平有限,错误和疏漏之处在所难免。在此,恳请各位读者批评指正,提出宝贵的建议和意见,以便在再版时进一步完善。

西南大学生命科学学院

祝顺琴

2022 年 1 月

目录
CONTENTS

Part 1

第一章 生物化学实验室安全规范

一、生物化学实验室安全规范 ……002
二、实验室安全及意外事故处理 ……003

Part 2

第二章 生物化学实验基本操作规范

一、玻璃仪器的洗涤与干燥 ……006
二、量器类仪器的使用方法 ……007
三、常规实验操作方法 ……010

Part 3

第三章 常见的生物化学实验技术

第一节 层析技术 ……014
第二节 电泳技术 ……020
第三节 分光光度技术 ……025

Part 4

第四章 糖类

实验 4-1 总糖和还原糖的测定(3,5-二硝基水杨酸法) ……030
实验 4-2 总糖的测定(蒽酮比色法) ……034
实验 4-3 葡萄糖含量的测定(苯酚法) ……037
实验 4-4 血糖的定量测定(Folin-Wu 法) ……040

Part 5

第五章 脂类化学

实验 5-1 粗脂肪的提取和含量测定 ……044
实验 5-2 血清总胆固醇的定量测定(邻苯二甲醛法) ……047
实验 5-3 血清甘油三酯的测定(GPO-PAP 法) ……051
实验 5-4 膜磷脂的薄层色谱分析 ……055

Part 6

第六章 蛋白质化学

实验6-1 氨基酸的薄层层析 ······060
实验6-2 离子交换柱层析法分离氨基酸 ······064
实验6-3 甲醛滴定法测定氨基氮 ······067
实验6-4 蛋白质及氨基酸的呈色反应 ······070
实验6-5 蛋白质的沉淀反应 ······075
实验6-6 蛋白质等电点的测定 ······080
实验6-7 酪蛋白的制备 ······083
实验6-8 双缩脲法测定蛋白质的含量 ······085
实验6-9 紫外吸收法测定蛋白质的含量 ······088
实验6-10 考马斯亮蓝法测定蛋白质含量 ······091
实验6-11 BCA法测定蛋白质浓度 ······095
实验6-12 凯氏定氮法测定蛋白质的含量 ······099
实验6-13 血清蛋白的醋酸纤维薄膜电泳 ······104
实验6-14 SDS-PAGE测定蛋白质的分子量 ······107
实验6-15 Western Blotting蛋白免疫印迹 ······113
实验6-16 细胞色素C的分离纯化 ······117

Part 7

第七章 核酸化学

实验7-1 定磷法测定核酸含量 ……124

实验7-2 动物基因组DNA的提取 ……128

实验7-3 CTAB法提取植物组织样品中的DNA ……131

实验7-4 样品中DNA的电泳检测及浓度测定(微量法) ……136

实验7-5 DNA的含量测定——二苯胺显色法 ……142

实验7-6 RNA的含量测定——苔黑酚法 ……145

实验7-7 酵母核糖核酸(RNA)的提取及组分鉴定 ……148

Part 8

第八章 酶与维生素

实验8-1 酶的性质——底物的专一性、温度、pH、激活剂及抑制剂对酶活的影响 ……154

实验8-2 胰蛋白酶活性的测定 ……159

实验8-3 胰蛋白酶米氏常数的测定 ……163

实验8-4 碱性磷酸酶K_m值测定 ……168

实验8-5 小麦萌发前后淀粉酶活力的测定 ……173

实验8-6 超氧化物歧化酶的分离纯化及活性鉴定 ……178

实验8-7 琼脂糖凝胶电泳法分离乳酸脱氢酶同工酶 ……186

实验8-8 蔗糖酶的分离纯化 ……190

实验8-9 蔗糖酶含量及活性的测定 ……195

实验8-10 维生素C含量的测定——2,6-二氯酚靛酚法 ……201

实验8-11 维生素C含量的测定——磷钼酸法 ……206

实验8-12 类胡萝卜素的提取及含量测定 ……209

Part 9

第九章 生物氧化与新陈代谢

实验9-1 发酵过程中无机磷被利用和ATP生成 ……216
实验9-2 肌糖原的酵解作用 ……220
实验9-3 糖酵解中间产物的鉴定 ……225
实验9-4 脂肪酸的β-氧化 ……229
实验9-5 琥珀酸脱氢酶的竞争性抑制作用 ……233
实验9-6 纸层析法观察转氨基作用 ……236
实验9-7 血清中转氨酶活力的测定 ……240

附 录

常用缓冲溶液的配制方法 ……244

主要参考文献 ……251

第一章

生物化学实验教程

生物化学实验室安全规范

生物化学实验室是培养学生科学、严谨的学习态度和工作作风，学习生物化学基本知识，训练并掌握生物化学基本技能的重要场所。学生应高度重视生物化学实验课程的学习，严格遵守生化实验室的规则，并在每次实验中均严格执行。在实验过程中养成良好的实验习惯，严格执行实验室安全管理规范。

一、生物化学实验室安全规范

(1)学生实验开始前，指导教师应向学生宣讲实验室安全守则，宣传安全知识，包括所在实验楼的消防设施、灭火器的使用方法和疏散通道等。

(2)进入实验室必须穿实验服，戴好手套，禁止穿背心、短裤或裙子等暴露过多皮肤的服装，长发必须扎起。保持实验室地面及台面整洁，严禁在实验室吸烟，严禁把食物带入实验室和试吃实验药品。

(3)实验中所用的药品不得随意遗弃，废物、废液等应放入指定的容器中，需要回收的药品应放入指定回收瓶中。

(4)使用电器设备(如恒温水浴锅、加热套、电炉等)时，禁止用湿手或在眼睛旁视时开关电器。实验完毕后，拔下电源插头，切断电源。如不慎触电，立即用木棍切断电源，然后联系老师处理。

(5)如果不小心被割伤、烫伤，应立即报告老师做初步处理。

(6)如果不小心打碎玻璃制品，立即报告老师，并将玻璃碎片收集在专门的回收容器中，请勿裸手从桌面或者地上拾起玻璃碎片。

(7)使用酒精灯时注意以下几点：

①检查酒精灯里酒精量是否在1/4~2/3之间；

②禁止往燃着的酒精灯里添加酒精，添加酒精时必须熄灭灯火，并冷却到室温，然后用漏斗加入；

③点燃酒精灯时要用火柴引燃，禁止用燃着的酒精灯点燃另一个酒精灯；

④熄灭酒精灯时要用灯帽盖灭，禁止用嘴吹；

⑤如遇酒精灯不慎碰翻着火，应立刻用湿抹布或者沙子盖灭，绝对不能用水，否则会扩大燃烧面积，引起火灾。

(8) 使用浓酸、浓碱,必须小心操作,防止溅到皮肤或衣服上。若不慎溅在实验台或地面上,必须及时用湿抹布擦洗干净。

(9) 用吸量管量取这些试剂时,必须使用洗耳球,严禁用口吸取。

(10)凡实验室中所有的加热操作(如常压蒸馏、回流),都必须有通气孔接通大气,不能密闭加热。

(11) 严禁用明火(酒精灯、电炉等)加热易燃的有机物质。

(12)实验结束后,应仔细洗手,以防化学药品中毒。值日生应仔细检查水、电等安全情况。

二、实验室安全及意外事故处理

在生物化学检验实验过程中,需要经常接触各种有机和无机化学试剂,其中有许多试剂属强酸、强碱、有毒、易燃、易爆的危险品。在接触各种电器时,不会或不按一定的使用规则正确使用,就容易发生火灾、中毒和触电等事故。为了避免事故的发生,要求实验人员必须遵守操作规程,加强安全意识,工作仔细、谨慎,同时亦必须具备一定的预防知识,熟悉有关事故的应急处理措施。即使万一发生事故,也能及时采取措施,减少和避免损失。

1.触电的预防及应急处理

生物化学检验实验室涉及的电器较多,如分光光度计、离心机、电泳仪、电炉、恒温水箱等。使用这些电器时,机壳必须接地线,以防机壳带电。不能用湿布清洁带电的电源插座和开关。仪器使用完毕后,必须立即切断电源。一旦发生触电,首先应立即切断电源。在未断电源时,切不可直接用手去拖拉触电者,应用不导电的物体将电源与触电者分开,然后视触电者情况采取抢救措施。

2.化学性危害的预防及应急处理

在使用易产生有毒蒸气的化学试剂如氰化物、汞、砷、溴、氯、苯、乙醚、氯仿、四氯化碳和具有腐蚀性气体的硝酸、盐酸、高氯酸、硫酸时,均应在通风橱中进行。操作时应小心,避免浓酸或浓碱等腐蚀性试剂溅在皮肤、衣服或鞋袜上。若皮肤受强碱伤害时,先用大量自来水冲洗,再用5%硼酸溶液或2%乙酸溶液冲洗;若皮肤受强酸而致灼伤时,先用自来水冲洗,再用5%碳酸氢钠溶液冲洗,根据实际情况去医院就诊。酸或碱不慎溅入眼睛时,应立即用大量的水冲洗,并立即到医院就诊。

3. 生物源性危害的预防

生物源性危害主要指来自细菌、病毒和真菌等的感染造成对人的伤害。生物化学个别实验会采用来自医院的标本，这些标本有可能含有传染源，如肝炎病毒、伤寒杆菌、钩端螺旋体等。故在实验中应注意防止传染。吸取病人的标本最好使用定量加样器，一次性塑料头，使用后的一次性塑料头应集中消毒处理，用过的试管、吸管必须用消毒液浸泡，被污染的实验桌面应用消毒液擦洗消毒，用后的标本容器应用消毒液处理，或高压灭菌后，才能丢入实验垃圾箱。实验完后，要用消毒液浸泡双手，然后用自来水冲洗。

4. 火灾的预防及应急处理

在使用乙醚、丙酮、乙醇、甲苯、异丙醇等易燃试剂时，应远离火源和热源，不可在火上直接加热(必要时可使用热水浴)。点燃酒精灯时，可用火柴、纸条引燃；切不可在酒精灯间互相点火，这样很容易致酒精溢出酿成火灾。

经常检查电器设备及电源线路是否完整无损，导线的绝缘是否符合电压及工作状态的需要，防止电路短路、超负荷、接触不好产生电弧或静电放电产生火花等引燃周围易燃物品而引发火灾。一旦发生火灾，不可惊慌失措，应迅速、果断采取有效措施进行灭火并立即报警。电器着火，应首先切断电源，然后，用沙子或四氯化碳灭火，不可用水和二氧化碳灭火器。有机溶剂或油脂着火，可用灭火器、黄沙灭火，不可用水灭火。若衣服着火，切忌乱跑，可迅速就地滚动灭火。若火势大，应迅速切断电源，并立即报警。

第二章

生物化学实验基本操作规范

一、玻璃仪器的洗涤与干燥

各种玻璃仪器在生物化学实验中经常使用,其洁净与否关系到实验结果是否准确可靠。因此,实验前必须将所使用的玻璃仪器清洗干净并及时干燥。

(一)玻璃仪器的洗涤

玻璃仪器上附着的污物一般为尘土、可溶性物质以及其他不溶性物质、有机物等,应根据实验要求以及污物性质等具体情况,采取适当的洗涤方法。

1. 直接刷洗

用毛刷蘸水刷洗仪器,可除去器皿上的尘土、可溶性物质和易刷洗掉的不溶性物质。

2. 用去污粉(或洗衣粉、洗涤剂等)洗

先用少量自来水润湿器皿表面,再加入适量去污粉(洗衣粉)或倒入适量洗涤剂后刷洗,可除去有机污物及油污。

3. 用特殊洗液洗

(1)铬酸洗液:铬酸洗液具有强酸性和强氧化性,能很好地去除油污及有机物。洗涤时装入适量洗液,倾斜仪器并缓慢转动,使洗液润湿器皿全部内壁,转动数圈后将洗液倒回原瓶中,残留洗液用自来水清洗。移液管、容量瓶等玻璃器皿常用此洗液洗涤。

(2)有机溶剂:可去除油污或可溶于该溶剂的有机物。

(3)氢氧化钠-乙醇溶液:可去除油污及部分有机污物。

(4)盐酸-乙醇溶液:用于被染色的比色皿、移液管等玻璃器皿的洗涤。

4. 新购玻璃仪器

用自来水洗净后,再用1%~2%盐酸溶液浸泡过夜以去除玻璃表面的碱性物质,再用蒸馏水润洗,直到玻璃仪器壁形成均匀水膜。

(二)玻璃仪器的干燥

玻璃仪器洗净后,可根据不同情况,采取适宜的干燥方法。

(1)晾干:不急需使用的仪器洗净后可放置于干燥、洁净处(器皿柜或仪器架上)让其自然晾干。

(2)烤干:急需使用的玻璃器皿如烧杯、试管等,可放置于电炉或酒精灯上烤干;烧杯等在石棉网上用小火烤干;试管可直接用小火烤干(先将试管口朝下并来回移动,待水珠消失后再将管口朝上)。

(3)烘干:仪器洗净后可放置于电热鼓风干燥箱中烘干。先将仪器内的水尽量沥干,再将仪器口朝下放置于烘箱内(若倒置后不稳的器皿则平放),于100~105 ℃烘干。

(4)用有机溶剂干燥:一些不宜加热的玻璃仪器洗净后可加入少量乙醇、丙酮或二者的混合液,倾斜并转动仪器,使内壁上的水与有机溶剂混合后再倒出,少量残留混合液便很快挥发干燥。

二、量器类仪器的使用方法

生物化学实验中经常进行溶液的配制、液体体积量取等基本操作,涉及常用量器(量筒、量杯、移液管、吸量管、容量瓶等)的使用。因此,规范、熟练使用常用量器是十分必要的,也关系到实验结果的可靠性和准确性。

(一)量筒和量杯

量筒和量杯是量取液体体积精确度一般的常用普通玻璃量器。常用规格有5 mL、10 mL、50 mL、100 mL、250 mL、500 mL、1000 mL等,可根据实验需要选择合适的量筒或量杯,切勿用大容量量器量取小体积。量取液体时,左手持量器,大拇指指尖指示所需体积的刻度处,右手持试剂瓶,瓶口紧靠量器口边缘,慢慢注入溶液到所需刻度,停留15 s,读数时视线与液体的凹液面最低处保持水平,刻度与溶液凹液面相切。

(二)移液管、吸量管和移液枪

移液管和吸量管都是用于准确量取液体体积的玻璃量器,其精密度较高。

1.移液管

全称为单标线吸量管,是定容量的大肚管,俗称大肚吸管,只有一条刻度线,无分度刻度线，常用规格有10 mL、20 mL、25 mL等。

2.吸量管

全称为分度吸量管，带有分度刻度线，用于量取非固定量的体积，有0.1 mL、0.2 mL、0.5 mL、1 mL、2 mL、5 mL、10 mL、20 mL等规格。

3.移液管和吸量管的使用

将移液管管尖插入液体中，右（或左）手的拇指及中指握住管颈标线以上部分，左（或右）手拿洗耳球，将排除空气后的洗耳球尖端插入管口，并使其密封，慢慢地让洗耳球自然恢复原状，直至液体上升到管颈标线以上，迅速朝上移去洗耳球，立即用右（或左）手的食指按住管口，将移液管垂直提高到标线与视线在同一水平位置，左（或右）手握住盛放被移取溶液的器皿口接在移液管尖下方，右（或左）手的拇指及中指轻轻转动管身，使食指与管口间微微打开，让溶液平稳下降至液面弯月面与标线相切，立即按紧食指。将移液管转入承接溶液的容器中，管尖停靠在器皿壁上，移液管保持垂直，承接的器皿倾斜，使容器内壁与移液管呈45°，松开食指，让溶液自然地全部流入，停留15 s左右，移走移液管。

在使用移液管和吸量管时，应注意以下事项：尽量插入液面底部，但勿与器皿底部接触，防止液面降低使管内液体吸入洗耳球；管口以及封堵管口的食指一定要保持干燥；若管身上有“吹”字，应用洗耳球将管内剩余的一滴溶液吹下。

（三）移液枪的使用

移液枪（常称为“加样器”“移液器”）是一种精密的取液仪器，可调式加样器规格，有0.1~0.5 μL、0.5~10 μL、10~100 μL、20~200 μL、100~1000 μL等。每种加样器都有对应的专用塑料吸头，常用吸头规格有10 μL、20 μL、100 μL、200 μL、1000 μL等，颜色为白色、黄色、蓝色，吸头一般为一次性使用。

1.样品准备

（1）样品提前从冰箱中拿出置于室温下，使温度与室温平衡。

（2）若溶剂瓶中液体太少，请倒入EP管（微量离心管）中，方便吸取。

2. 设定体积

通过顺时针或者逆时针旋转调节器，调到所吸取的体积。

3. 装枪头

将移液枪端垂直插入枪头，左右微微转动，上紧即可。

4. 吸液

(1)垂直吸液，枪头尖端需浸入液面2~4 mm以下。

(2) 枪头预润湿(3次)：枪头内壁会吸附一层液体，使表面吸附达到饱和，然后再吸入样液，最后打出液体的体积会很精确。

(3)慢吸慢放，控制好弹簧的伸缩速度。吸液速度太快会产生反冲和气泡，导致移液体积不准确。

(4)将移液枪提离液面，停约1 s，观察是否有液滴缓慢地流出。若有液滴流出，说明有漏气现象。原因可能是枪头未上紧，或移液枪内部气密性不好。

(5)若外壁残留，用滤纸蘸擦移液嘴外面附着的液滴。

5. 放液

(1)将枪头贴到容器内壁并保持10°~40°倾斜。

(2)平稳地把按钮压到一档，停约1 s后压到二档，排出剩余液体。

(3)排放致密或黏稠液体时，压到一档后，多等1~2 s。

(4)压住按钮，同时提起移液枪，使枪头贴容器壁擦过。

(5)松开按钮。

(6)按弹射器除去枪头。(只有吸取不同液体时才需更换枪头)

6. 调节量程

使用完毕，调至最大量程。移液枪长时间不用时建议将刻度调至最大量程，让弹簧恢复原形，延长移液枪的使用寿命。

【注意事项】

1. 移液枪不得移取有腐蚀性的溶液，如强酸、强碱等。

2. 如有液体进入枪体，应及时擦干。

3. 移液枪应轻拿轻放。

4. 定期对移液枪进行校准。

(四)容量瓶

容量瓶的主要用途是配制准确浓度溶液或定量稀释溶液。由无色或棕色玻璃制成，常用规格有10 mL、25 mL、50 mL、100 mL、200 mL、250 mL、500 mL、1000 mL等。容量瓶使用步骤如下。

1.检漏

容量瓶使用前应检查瓶口是否漏水，即装入自来水后盖好塞子，右手(或左手)大拇指和中指握住瓶颈，食指按住塞子，左手(或右手)托住瓶底，将瓶子倒立数分钟，观察瓶塞与瓶口处是否渗水、漏水，不渗水、不漏水方可使用。

2.洗涤

用自来水冲洗或洗液洗涤后再用自来水冲洗，最后用蒸馏水润洗。

3.配制溶液

(1)用固体试剂配制溶液：先把固体药品(试剂)在烧杯中溶解后，用玻璃棒引流转移到容量瓶中，再用少量蒸馏水多次洗涤烧杯并完全转移到容量瓶中。加水至容量瓶容积的3/4左右，沿水平方向摆动容量瓶几周以初步混匀溶液(勿塞塞子)。加水至刻度线下约1 cm处，静置约1 min，再用滴管或洗瓶缓缓加水至刻度线。塞紧瓶塞，右手(或左手)大拇指和中指握住瓶颈，食指按住塞子，左手(或右手)托住瓶底，将容量瓶颠倒15次左右，并且在倒置状态时水平摇动几次。

(2)稀释溶液：用移液管量取一定体积溶液加入瓶中，再加蒸馏水，其后操作步骤同上。

三、常规实验操作方法

(一)溶液配制

根据实验需要以及实验性质，选择不同级别的化学试剂配制溶液。

1.用固体试剂配制

用药匙(牛角药匙或不锈钢药匙)取用固体试剂，药匙必须干净且不得交叉使用，以防止污染试剂。配制前，先计算所需固体试剂质量，称量时可将试剂放置于称量纸或洁净的表面皿等玻璃器皿上，将称好的试剂倒入烧杯中溶解，定容至所需体积即可。

2. 用液体试剂配制

取用液体试剂时，用手握试剂瓶，标签向着手心，倒出所需量的试剂。定量取用液体试剂时需用量筒或移液管等，取用前核对试剂标签，取好后倒入烧杯、试剂瓶或容量瓶中，加蒸馏水至所需刻度即可。

（二）过滤

1. 常压过滤

常压过滤较简便，用玻璃漏斗和滤纸进行过滤。取一张圆形滤纸，对折两次后展开，用适量蒸馏水润湿滤纸，使滤纸紧贴漏斗内壁，用玻璃棒轻压滤纸赶走气泡，过滤时在三层滤纸一边缓缓倒入溶液，液面高度低于滤纸边缘2~3 cm。

2. 减压过滤

减压过滤可加速过滤，同时起到干燥的作用。减压过滤时使用布氏漏斗和抽滤瓶、真空泵，过滤前先剪好一张圆形滤纸（滤纸直径比漏斗内径略小），用少量水润湿滤纸，打开真空泵，使滤纸紧贴漏斗，然后开始过滤。

（三）离心

离心分离速度较快，有利于迅速判断是否沉淀完全。离心时先将沉淀和溶液装在离心管中，再放入离心机中高速旋转，使沉淀集中在离心管底部，上层为清液。在离心操作过程中，应注意以下几点：将离心管放入离心机转子时，应注意对称、平衡；离心时转速切勿超过离心机允许的最高转速；离心结束，应让离心机自然停止转动，严禁用手强制其停止。

第三章

常见的生物化学实验技术

第一节 层析技术

层析技术是利用混合物中各组分的物理化学性质(分子的形状和大小、分子极性、吸附力、分子亲和力、分配系数等)的不同,使各组分以不同程度分布在固定相和流动相中,当流动相流过固定相时,各组分以不同的速度移动,而达到分离的技术。

层析技术操作简便,样品可多可少,既可用于实验室的研究工作,又可用于工业生产,还可与其他分析仪器配合,组成各种自动分析仪器。

层析法又称色谱法(Chromatography),是广泛应用的一种生物化学技术,层析法是利用混合物各组分物理化学性质(如溶解度、吸附能力、电荷和分子量等)的差别,使各组分在支持物上集中分布在不同区域,借此将各组分分离。层析利用两个相,一相称为固定相,另一相称为流动相。由于各组分受固定相的阻力和受流动相的推力影响不同,各组分移动速度各异,从而使各组分得到分离。

(1)按流动相的状态分类:用液体作为流动相的称为液相层析,或称液相色谱;以气体作为流动相的称为气相层析,或称气相色谱。

(2)按固定相的使用形式分类:可分为柱层析(固定相填装在玻璃或不锈钢管中构成层析柱)、纸层析、薄层层析、薄膜层析等。

(3)按分离过程所主要依据的物理化学原理分类:可分为吸附层析、分配层析、离子交换层析、分子排阻层析、亲和层析等。

本节按第三种分类进行叙述。

一、吸附层析

吸附层析是利用吸附剂对不同物质的吸附力不同而使混合物中的各组分分离的方法。吸附层析在各种层析技术中应用最早,由于吸附剂来源丰富,价格低廉,易再生,装置简单,又具有一定的分辨率等优点,故至今仍广泛使用。

凡能够将其他物质聚集到自己表面上的物质,都称为吸附剂。能聚集于吸附剂表面的物质称为被吸附物。在吸附层析中应用的吸附剂一般为固体。固体内部的分子所受的分子间的作用力是对称的,而固体表面的分子所受的力是不对称的。向内的一面受内部分子的作用力较大,而表面向外的一面所受的作用力较小,因而当气体分子或溶液中溶质分子在运动过程中碰到固体表面时就会被吸引而停留在固体表面上。吸附剂与被吸附物分子之间的相互作用是由可逆的范德华力所引起的,故在一定的条件下,被吸附物可以离开吸附剂表面,这称为解吸作用。下面以吸附柱层析为例。

柱层析是将吸附剂填装在玻璃或不锈钢管中,构成层析柱。用一根玻璃管,管内加吸附剂粉末,用溶解剂湿润后,即成为吸附柱。层析时欲分离的样品自柱顶加入,当样品溶液全部流入吸附层析柱后,再加入溶剂冲洗。冲洗的过程称为洗脱,加入的溶剂称为洗脱剂。在洗脱过程中,柱内不断地发生解吸、吸附,再解吸、再吸附的过程,即被吸附的物质被溶剂解吸而随溶剂向下移动,又遇到新的吸附剂颗粒被再吸附,后面流下的溶剂再将其解吸从而使其下移动。经过一段时间以后,该物质会向下移动一定距离。此距离的长短与吸附剂对该物质的吸附力以及溶剂对该物质的解吸(溶解)能力有关。不同的物质由于吸附力和解吸力不同,移动速度也不同。吸附力弱而解吸力强的物质,移动速度就较快。经过适当的时间后,不同的物质各自形成区带,如果被分离的是有色物质,就可以清楚地看到色带(色层)。如果被吸附的物质没有颜色,可用适当的显色剂或紫外光观察定位,也可用溶剂将被吸附物从吸附柱洗脱出来,再用适当的显色剂或紫外光检测,以洗脱液体积对被洗脱物质浓度作图,可得到洗脱曲线。吸附柱层析成败的关键是是否选择了合适的吸附剂、洗脱剂和操作方式。

常用的吸附剂有极性的和非极性的两种。羟基磷灰石、硅胶、氧化铝和人造沸石属前者,活性炭属后者。在实践中不论选择哪类型的吸附剂,都应具备表面积大、颗粒均匀、吸附选择性好、稳定性强和成本低廉等性能。

在选择具体吸附剂时,主要是根据吸附剂本身和被吸附物质的理化性质进行的。一般来说,极性强的吸附剂易吸附极性强的物质,非极性的吸附剂易吸附非极性的物质。但是为了便于解吸附,对于极性大的分离物,应选择极性小的吸附剂,反之亦然。理想的吸附剂必须经过多次试验才能获得。

二、离子交换层析

离子交换层析是在以离子交换剂为固定相、液体为流动相的系统中进行的。此法广泛应用于很多生化物质(例如氨基酸、多肽、蛋白质、糖类、核苷和有机酸等)的分析、制备、纯化,以及溶液的中和、脱色等方面。

离子交换剂是由基质、电荷基团(或功能基团)和反离子构成的,基质与电荷基因以共价键连接,电荷基因与反离子以离子键结合。

离子交换剂与水溶液中离子或离子化合物的反应主要以离子交换方式进行,假设以RA^+代表阳离子交换剂,其中A^+为反离子,A^+能够与溶液中的阳离子B^+发生可逆的交换反应,反应式为:$RA^+ + B^+ \longrightarrow RB^+ + A^+$

离子交换剂对溶液中不同离子具有不同的结合力,这种结合力的大小是由离子交换剂的选择性决定的。强酸性(阳性)离子交换剂对H^+的结合力比对Na^+的小;强碱性(阴性)离子交换剂对OH^-的结合力比对Cl^-的小得多;弱酸性离子交换剂对H^+的结合力远比对Na^+的大;弱碱性离子交换剂对OH^-的结合力比对Cl^-的大。因此,在应用离子交换剂时,采用何种反离子进行电荷平衡是决定吸附容量的重要因子之一。离子交换剂与各种水合离子(离子在水溶液中发生水化作用形成的)的结合力与离子的电荷量成正比,而与水合离子半径的平方成反比。所以,离子价数越高,结合力越大。

两性离子如蛋白质、酶类、多肽和核苷酸等物质与离子交换剂的结合力,主要取决于它们的物理化学性质和在特定pH条件下呈现的离子状态。当pH低于等电点(pI)时,它们带正电荷能与阳离子交换剂结合;反之,pH高于pI时,它们带负电荷能与阴离子交换剂结合 。pH与pI的差值越大,带电量越大,与交换剂的结合力越强。

离子交换剂应满足的基本条件有:

①有高度的不溶性,即在各种溶剂中不发生溶解;

②有疏松的多孔结构或巨大的表面积,使交换离子能在交换剂中进行自由扩散和交换;

③有较多的交换基团;

④有稳定的物理化学性质,在使用过程中,不因物理或化学因子的变化而发生分解和变形等现象。

三、分配层析

分配层析是利用各组分的分配系数不同而予以分离的方法。分配系数(K)是指一种溶质在两种互不相溶的溶剂中溶解达到平衡时,该溶质在两相溶剂中的浓度比值:K=固定相中溶质的浓度/流动相中溶质的浓度。分配系数与溶剂和溶质的性质有关,同时受温度、压力的影响。所以不同物质的分配系数不同。而在恒温恒压条件下,某物质在确定的层析系统中的分配系数为一常数。

在分配层析中,通常用多孔性固体支持物如滤纸、硅胶等吸附着一种溶剂作为固定相,另一种与固定相溶剂互不相溶的溶剂沿固定相流动构成流动相,某溶质在流动相的带动下流经固定相时,会在两相间进行连续的动态分配。当样品中含有多种分配系数各不相同的组分时,分配系数越小的组分,随流动相迁移的速率越快。两个组分的分配系数差别越大,在两相中分配的次数越多,越容易被彻底分离。

1.纸层析

纸层析属于典型的分配层析,且系统简单,使用方便,在生物化学的发展中发挥过极其重要的作用。

滤纸是理想的支持介质。滤纸一般能吸收22%~25%的水,其中6%~7%的水是以氢键与滤纸纤维上的羟基结合,一般情况下较难脱去。纸上层析实际上是以滤纸纤维的结合水为固定相,而以有机溶剂(与水不相混溶或部分混溶)作为流动相。展开时,有机溶剂在滤纸上流动,样品中各物质在两相之间不断地进行分配。由于各物质有不同的分配系数,移动速度因此不同,从而达到分离的目的。

溶质在滤纸上移动的速率可用R_f值表示:$R_f= a/b$。式中,a:溶质斑点中心的移动距离;b:溶剂前沿移动的距离。R_f值决定于被分离物质在两相间的分配系数以及两相间的体积比。由于在同一实验条件下,两相体积比是一常数,所以R_f值决定于分配系数。不同物质的分配系数不同,R_f值也不相同,由此可以根据R_f值的大小对物质进行定性分析。

2.薄层层析

薄层层析是将作为固定相的支持剂均匀地铺在支持板(一般是玻璃板)上,成为薄层,把样品点到薄层上,用适宜的溶剂展开,从而使样品各组分达到分离的层析技术。如果支持剂是吸附剂,如硅胶、氧化铝、聚酰胺等,则称之为薄层吸附层析;如果支持剂是纤维素、硅藻土等，层析时的主要依据是分配系数的不同，则称之为薄层分配层析；同理，如果支持剂是离子交换剂，则称为薄层离子交换层析；薄层若由凝胶过滤剂制成，则称为薄层凝胶层析。

薄层层析的操作与纸层析相似，但比纸层析速度快，一般仅需15~30 min，分辨力比纸层析高10~100倍，它既能分离0.01 μg的微量样品，又能分离500 mg甚至更多的样品作制备用。薄层的制备可规格化，样品滴加后可立即展开，不受温度影响。其缺点是R_f值的重现性比纸层析差，对生物大分子物质的分离效果不大理想。

3.柱层析

在硅藻土上吸附或化学键合一定的溶剂，装到层析柱上，以气体为流动相可构成气液分配层析，即气相色谱系统，在硅胶等固体材料上吸附或化学键合一定的溶剂，装到层析柱中，用一定的洗脱剂洗脱，可构成液液分配层析，这种系统在高效液相色谱中应用普遍。

四、凝胶层析

凝胶层析，又称为凝胶过滤、分子排阻层析或分子筛层析，是以各种凝胶为固定相，利用流动相中所含各物质的相对分子质量不同而达到物质分离的一种层析技术。其所需设备简单，操作方便，不需要再生处理即可反复使用，适用于不同相对分子质量的各种物质的分离，已广泛地用于生物化学、生物工程和工业、医药等领域。 常用凝胶为聚丙烯酰胺凝胶、葡聚糖凝胶和琼脂糖凝胶。

当含有各种组分的样品流经凝胶层析柱时，大分子物质由于分子直径大，不易进入凝胶颗粒的微孔，沿凝胶颗粒的间隙以较快的速度流过凝胶柱。而小分子物质能够进入凝胶颗粒的微孔中，向下移动的速度较慢，从而使样品中各组分按相对分子质量从大到小的顺序先后流出层析柱，而达到分离的目的。

在一定的范围内，组分的洗脱体积（Ve）与组分相对分子质量的对数（$\lg M_r$）呈线性关系，可以做标准曲线（图3-1）。可以通过测定某一未知组分的洗脱体积，从标准曲线中查得其相对分子质量。

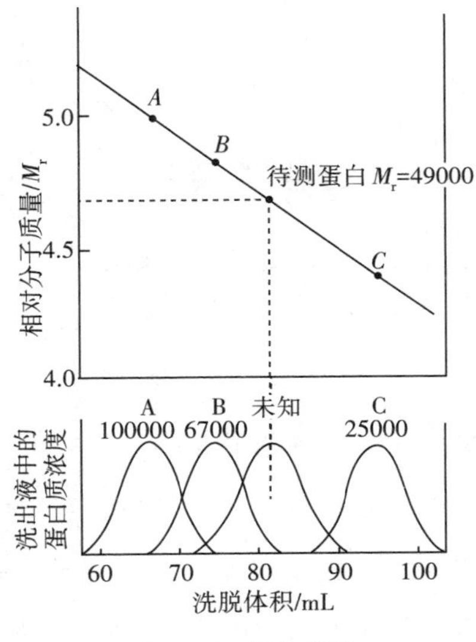

图3-1 标准曲线

五、亲和层析

亲和层析是利用生物分子间所具有的专一而又可逆的亲和力使生物分子分离纯化的层析技术。具有专一而又可逆的亲和力的生物分子是成对互配的。主要的有：酶和底物、酶与竞争性抑制剂、酶和辅酶、抗原与抗体、DNA和RNA、激素和其受体、DNA与结合蛋白等。在成对互配的生物分子中，可把任何一方作为固定相，而对样品溶液中的另一方分子进行亲和层析，达到分离纯化目的。例如，酶与其辅酶是成对互配的，既可把辅酶作为固定相，使样品中的酶分离纯化，也可把酶作为固定相，使样品中的辅酶分离纯化。

蛋白质与配体之间有一种特殊的亲和力，在一定的条件下，它们都紧密结合成复合物，如果将复合物的某一方固定在不溶性载体上，就可以从溶液中专一性地分离和提纯另一方。与其他方法相比，亲和层析能产生绝对的纯化作用，因此可达到较高的纯度。一般的方法是采用提纯酶、抑制剂等生物制剂，操作十分复杂，而采用亲和层析，只需一步就能提纯百倍，甚至千倍，从而得到纯的产品，产率可达到75%~95%。

在亲和层析中，作为固定相的一方称为配基(Iigand)。配基必须耦联于不溶性基质(Matrix)（又称载体或担体）上，常用的载体主要有：琼脂糖凝胶、葡聚糖凝胶、聚丙烯酰胺凝胶、纤维素等。当用小分子作为配基时，由于空间位阻不易与载体耦联，或不易与配对分子载体结合，为此通常在载体和配基之间接入不同长度的连接臂(Space Arm)。耦联时，必须先使载体活化，即通过某种方法（如溴化氰法、叠氮法等）引入某一活泼的基团。

第二节 电泳技术

电泳(Electrophoresis)是指带电粒子在电场作用下,向与其自身电荷相反的电极移动的现象。正常情况下分子一般不带电荷,但在特定的理化条件下发生电离,成为带电的离子,如核酸、蛋白质、多肽、氨基酸等生物大分子物质在一定的pH条件下,可以解离成带电荷的离子。不同分子因离子的大小、形态及所带净电荷量不同,在同一电场强度及溶剂中电泳的速度不同,利用这种移动速度的差异,可以将混合物中不同组分区分出来,并集中到特定位置从而达到分离的目的。

一、电泳的分类及原理

(一)电泳的分类

自从1937年成功地进行纸电泳以来,电泳技术不断发展,特别是最近十多年来各种类型的电泳技术相继诞生。归纳起来,目前所采用的电泳方法,大致可分为三大类。

1.显微电泳

用显微镜直接观察细胞等大颗粒物质电泳行为的过程。显微电泳仪方法简单,测定快速,胶体用量少,可以在胶粒本身所处的环境里测定电泳速度和电势。但该方法只限于显微镜可分辨的质点,一般在200 nm以上。

2.自由界面电泳

胶体颗粒在胶体溶液和缓冲液之间泳动形成界面的电泳过程。在界面移动电泳仪的中间漏斗装上待测溶胶,U形管上端装电极,底部两个活塞的内径与管径相同。实验开始时,打开活塞,使溶胶进入U形管,液面略高于活塞时,关上活塞,并把活塞上部的溶胶吸走,并小心地加入分散介质,使两壁液面等高。接通电源,小心打开活塞,观察液面的变化。根据通电时间和液面升高或下降的刻度差，可以计算电泳速度。若是无色溶胶，必须用紫外吸收或其他光学方法读出液面高度的变化，否则这种方法不好用。

3.区带电泳

带电颗粒在固体惰性支持物上进行电泳的过程。区带电泳是将惰性的固体或凝胶作支持物，在其上面进行电泳，从而将电泳速度不同的各组分分离。区带电泳实验简便易行，分离效率高，样品用量少，是分析和分离核酸、蛋白质的基本方法。区带电泳应用广泛，根据所用固体支持物物理性状的不同可分为四类。

(1)以滤纸、玻璃纤维、醋酸纤维、聚氯乙烯纤维作为支持物的滤纸及纤维薄膜电泳。

(2)以琼脂糖凝胶、聚丙烯酰胺凝胶、淀粉凝胶为支持物的凝胶电泳。

(3)以纤维素粉、淀粉、玻璃粉作为支持物的称粉末电泳。

(4)以尼龙丝、人造丝等为支持物，进行微量电泳，称线丝电泳。

(二)电泳的基本原理

许多生物分子带有电荷，其数量多少取决于分子的性质与介质的pH。当有外加电场时，带电分子向极性相反的电极移动，因为不同组成的分子带电性质不同，因而在一定的电场强度下移动的速度也不同(正是根据这一原理，电泳技术被广泛地应用于生物分子的分析、分离、提取、纯化)。其大小可用泳动度(或迁移率、淌度)来表示，即带电颗粒在单位电场强度下的泳动速度，可按照以下公式进行计算。

$$U=\frac{M}{E}=\frac{d/t}{v/L}=\frac{dL}{vt}$$

式中：U——泳动度($cm^2 \cdot v^{-1} \cdot s^{-1}$)；

D——颗粒泳动距离(cm)；

M——颗粒泳动速度(cm/s)；

L——支持物的有效长度(cm)；

v——加在支持物两端的实际电压(V)；

t——通电时间(s)；

E——电场强度或电势梯度(V/cm)；

通过测量d、L、v、t便可计算出颗粒的泳动度。

(三)影响泳动度的主要因素

1.电场强度

电场强度对泳动速度起决定性作用。电场强度是指单位长度(cm)的电位降,也称电势梯度。如以滤纸作支持物,其两端浸入电极液中,电极液与滤纸交界面的纸长为20 cm,测得的电位降为200 V,那么电场强度为200 V/20 cm=10 V/cm。当电压在500 V以下,电场强度在2~10 V/cm时为常压电泳,分离时间较长,常用于分离大分子化合物(如蛋白质、核酸等)。电压在500 V以上,电场强度在20~200 V/cm时为高压电泳,电泳时间较短,常用于分离小分子化合物。电场强度愈高,带电颗粒泳动速度愈快,因此省时,但因产生大量热量,应配备冷却装置以维持恒温。

2.颗粒所带电荷

通常,颗粒所带的净电荷多、颗粒小、分子呈球形时,泳动速度快,反之则慢。而颗粒所带净电荷的多少则与被分离物可解离基团的数目有关。如腺嘌呤核苷酸带有可解离的酸性基团磷酸根和碱性基团腺嘌呤,因此它所带电荷的性质与外界溶液pH有关。为了使带电颗粒的泳动度恒定,常用缓冲溶液作为电泳的介质。

3.溶液离子强度

离子强度是溶液中离子浓度的度量,它影响颗粒的泳动度。电泳液中的离子浓度增加时会引起质点迁移率的降低。原因是带电质点吸引相反的离子聚集在其周围,形成一个与运动质点相反的离子氛(Ionic Atmosphere),离子氛不仅降低质点的带电量,同时增加质点前移的阻力,甚至使其不能泳动。然而离子浓度过低,会降低缓冲液的总浓度及缓冲容量,不易维持溶液的pH,影响质点的带电量,改变泳动速度。离子的这种障碍效应与其浓度和价数相关。

4.电渗

在电场作用下液体对于固体支持物的相对移动称为电渗。其产生的原因是固体支持物多孔,且带有可解离的化学基团,因此常吸附溶液中的正离子或负离子,使溶液相对带负电或正电。如固体支持物本身带有负电荷,吸附溶液中的正离子,使靠近支持物的溶液相对带正电荷,在电场作用下,这部分溶液会向负极移动,如果物质颗粒带正电荷,它们在这部分溶液带动下,向负极移动的速度就会加快。相反这部分溶液将会影响带有负电荷的颗粒向正极移动的速度。所以,电泳时颗粒泳动表现的速度取决于颗粒本身的泳动速度，以及由溶液电渗而引起的移动效果。因此在选择支持物时应尽量避免使用具有高渗作用的物质。

5.溶液pH

溶液的pH决定被分离物质的解离程度和质点的带电性质及所带净电荷量。例如蛋白质分子，它是既有酸性基团（—COOH），又有碱性基团（$—NH_2$）的两性电解质。在某一溶液中所带正负电荷相等，即分子的净电荷等于零，此时蛋白质在电场中不再移动，溶液的pH为该蛋白质的等电点（Isoelctric Point，pI）。若溶液pH处于等电点酸侧，即pH<pI，则蛋白质带正电荷，在电场中向负极移动。若溶液pH处于等电点碱侧，即pH>pI，则蛋白质带负电荷，向正极移动。溶液的pH离pI越远，质点所带净电荷越多，电泳迁移率越大。因此在电泳时，应根据样品性质，选择合适的pH缓冲液。

6.其他原因

缓冲液的黏度，缓冲液与带电颗粒的相互作用，以及电泳时温度的变化等因素也都会影响电泳速度。

二、常用的电泳方法

（一）醋酸纤维薄膜电泳

醋酸纤维素是纤维素的羟基乙酰化形成的纤维素醋酸酯。由该物质制成的薄膜称为醋酸纤维素薄膜。这种薄膜对蛋白质样品吸附性小，几乎能完全消除纸电泳中出现的“拖尾”现象，又因为膜的亲水性比较小，它所容纳的缓冲液也少，电泳时电流的大部分由样品传导，所以分离速度快，电泳时间短，样品用量少，5 μg的蛋白质就可得到满意的分离效果。因此特别适合于病理情况下微量异常蛋白的检测。

醋酸纤维薄膜电泳根据电压大小不同分为常压电泳（100~500 V）和高压电泳（500~10000 V）。常用的电泳缓冲液为pH8.6的巴比妥缓冲液，浓度在0.05~0.09 mol/L。醋酸纤维素膜经过冰醋酸乙醇溶液或其他透明液处理后可使膜透明化，有利于对电泳图谱的光吸收、扫描测定和膜的长期保存。将干燥的醋酸纤维素薄膜用色谱扫描仪通过反射（未透明薄膜）或透射（已透明薄膜）方式在记录器上自动绘出各蛋白组分曲线图，横坐标为膜条的长度，纵坐标为吸收度，计算各蛋白组分的百分含量。

(二)琼脂糖凝胶电泳

琼脂糖是由琼脂分离制备的链状多糖,具亲水性,其结构单元是*D*-半乳糖和3,6-脱水-*L*-半乳糖,分子不带电荷,是一种很好的电泳支持物。许多琼脂糖链依靠氢键及其他力的作用使其互相盘绕形成绳状琼脂糖束,构成大网孔型凝胶。因此该凝胶适合于免疫复合物、核酸与核蛋白的分离、鉴定及纯化。

琼脂糖凝胶电泳分为垂直及水平型两种。其中水平型可制备低浓度琼脂糖凝胶,而且制胶与加样都比较方便,故应用比较广泛。在分子生物学实验中应用最广泛的是水平核酸电泳。在一定浓度的琼脂糖凝胶介质中,DNA分子的电泳迁移率与其分子量的常用对数成反比;分子构型也对迁移率有影响,如共价闭环DNA>直线DNA>开环双链DNA。当凝胶浓度太高时,凝胶孔径变小,环状DNA不能进入胶中,相对迁移率为0,而同等大小的直线DNA可以按长轴方向前移,相对迁移率大于0。

常用的缓冲剂有TBE和TAE。一般电场强度为5~15 V/cm。对大分子的分离可用5 V/cm。电泳过程最好在低温条件下进行。电泳结束后在紫外灯下观察样品的分离情况,对需要进一步研究的DNA分子可从电泳后的凝胶中以不同的方法进行回收。

(三)聚丙烯酰胺凝胶电泳

聚丙烯酰胺凝胶是由丙烯酰胺(Acr)和交联剂甲叉双丙烯酰胺(Bis)在催化剂作用下聚合交联而成的大分子化合物。交联过程是由过硫酸铵(AP)和四甲基乙二胺(TEMED)激发的,其中AP是催化剂,TEMED是加速剂。通过改变聚丙烯酰胺单体的浓度和交联度,可以控制凝胶孔径的大小。通过改变催化剂的用量,可以控制凝胶聚合的速度。

聚丙烯酰胺凝胶电泳的操作过程主要包括:玻璃板安装、凝胶准备、灌胶、上样、电泳、染色显影。

第三节
分光光度技术

分光光度法是通过测定被测物质在特定波长处或一定波长范围内光的吸收度，对该物质进行定性和定量分析的方法。它具有灵敏度高、操作简便、快速等优点，是生物化学实验中最常用的实验方法。

一、分光光度法基本原理

分光光度法是通过测定被测物质在特定波长处或一定波长范围内光的吸收度，对该物质进行定性和定量分析的方法。

在分光光度计中，将不同波长的光连续地照射到一定浓度的样品溶液时，便可得到不同波长相对应的吸收强度。如以波长(λ)为横坐标，吸收强度(*A*)为纵坐标，就可绘出该物质的吸收光谱曲线。利用该曲线进行物质定性、定量的分析方法，称为分光光度法，也称为吸收光谱法。用紫外光源测定无色物质的方法，称为紫外分光光度法；用可见光光源测定有色物质的方法，称为可见光光度法。它们与比色法一样，都以Lambert-Beer定律为基础。上述的紫外光区与可见光区是常用的。但分光光度法的应用光区包括紫外光区、可见光区、红外光区。

当一束强度为I_0的单色光垂直照射某物质的溶液后，由于一部分光被体系吸收，因此透射光的强度降至I，则溶液的透光率T为：I/I_0。

根据朗伯-比尔(Lambert-Beer)定律，可得图3-2：

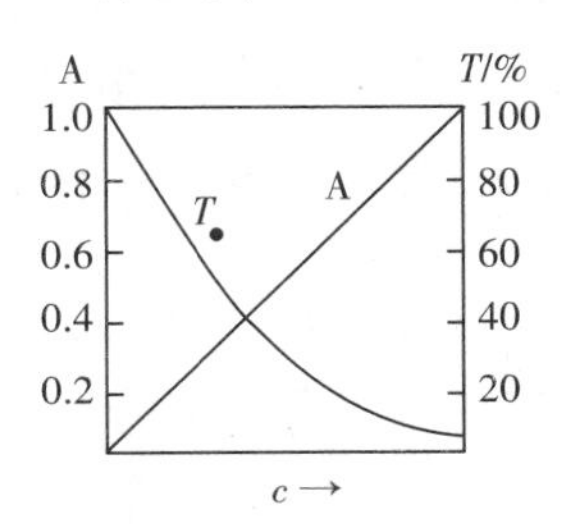

图3-2　A、*T*、*c*三者的关系

$$A = \lg \frac{1}{T} = Ecl$$

式中：A为吸光度，T为透光率，E为吸收系数，c为溶液浓度，l为光路长度。

由上式可知，当固定溶液层厚度L和吸光系数时，吸光度A与溶液的浓度呈线性关系。在定量分析时，首先需要测定溶液对不同波长光的吸收情况（吸收光谱），从中确定最大吸收波长，然后以此波长的光为光源，测定一系列已知浓度c溶液的吸光度A，作出A-c工作曲线。在分析未知溶液时，根据测量的吸光度A，查工作曲线即可确定出相应的浓度。这便是分光光度法测量浓度的基本原理。

上述方法是依据标准曲线法来求出未知浓度值，在满足要求的条件下，可以应用比较法求出未知浓度值。

二、常见分光光度计的类型

（一）紫外分光光度计

基于物质吸收紫外或可见光引起分子中价电子跃迁、产生分子吸收光谱与物质组分之间的关系建立起来的分析方法，称为紫外可见分光光度法（UV-vis）。

1. 优点

①灵敏度高，可测到10^{-7} g/mL。

②准确度好，相对误差为1%~5%，满足微量组分测定要求。

③选择性好，多种组分共存，无须分离直接测定某物质。

④操作简便、快速，选择性好，仪器设备简单、便宜。

④应用广泛，无机物、有机物均可测定。

2. 应用：紫外-可见分光光度法主要用于有机物分析

①定性分析：比较吸收光谱特征可以对纯物质进行鉴定及杂质检查。

对比法：与标准化合物对比吸收光谱特征数据、对比吸光度（或吸光系数）、对比吸收光谱的一致性等吸收光谱特征；或与文献所载的化合物的标准谱图进行核对，进行定性鉴别、纯度检测。

②定量分析：利用光吸收定律进行分析，如标准曲线（工作曲线）法、标准对照法及吸光系数法、多组分的定量分析法、示差法等进行定量分析。

(二)红外–分光光度计

红外分光光度法(红外吸收光谱法):依据物质对红外光区(波长0.78~1000 μm)电磁辐射的特征吸收,对化合物分子结构进行测定和对物质化学组成进行分析的一种分析方法(图3–3)。

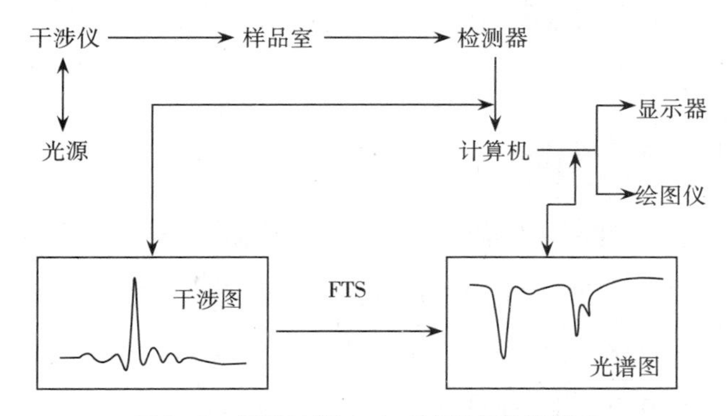

图3–3　傅里叶(Fourier)变换红外光谱仪

(1)优点:具高度的特征性。对气、固、液态均可进行分析。

(2)不足:定量分析方面灵敏度不如UV法,且不能作含水样品的分析。

(3)应用:一般只做分子结构分析,不做定量分析。

(三)荧光分光光度计

荧光分光光度法指利用物质吸收较短波长的光能后发射较长波长特征光谱的性质,对物质定性或定量分析的方法。可以从发射光谱或激发光谱进行分析。该法灵敏度高(通常比紫外分光光度法高2~3个数量级),选择性好。

(1)优点:

①灵敏度高:比UV高2~3个数量级;

②信息多:激发分光光谱(信息同于UV)、发射光光谱的发光强度、发光寿命、量子效率、荧光偏振等多种信息,用于定性更好;

③工作曲线的线性范围宽(定量更准)应用范围也广:微量元素的分析,医药、环境、石油工业等能直接或间接分析众多的有机物;

④专一性强。

(2)应用:

①药物测定、无机元素的测定、医学上的应用、药代动力学上的应用等。

②是研究小分子与核酸相互作用的主要手段。通过药物与核酸相互作用,使

DNA与探针键合的程度减小，反映在探针荧光光谱的改变，从而可以了解药物和核酸的作用机制。

③荧光光谱仪是研究药物与蛋白质相互作用的常用仪器。药物与蛋白质相互作用后可能引起药物自身荧光光谱和蛋白质自身荧光（内源荧光）光谱以及同步荧光光谱的变化，如荧光强度和偏振度的改变、新荧光峰的出现等，这些均可以提供药物与蛋白质结合的信息。

（四）原子吸收分光光度计

原子吸收光谱仪又称原子吸收分光光度计，根据物质基态原子蒸汽对特征辐射吸收的作用来进行金属元素分析。它能够灵敏可靠地测定微量或痕量元素。通常情况下，原子处于基态，当基态原子吸收了一定辐射能后，基态原子被激发跃迁到不同的较高能态，产生不同的原子吸收谱线。如果吸收的辐射能使基态原子跃迁到能量最低的第一电子激发态时，产生的吸收谱线叫第一共振吸收线（或主共振吸收线），简称共振线。不同的元素，由于原子结构的不同，对辐射的吸收必然是有选择性的不同，因此可利用待测元素基态原子蒸汽对同种元素原子特征谱线的共振吸收作用来进行定量分析。

（1）优点。

原子吸收光谱法选择性强，因其原子吸收的谱线仅发生在主线系，且谱线很窄，所以光谱干扰小、选择性强、测定快速简便、灵敏度高，在常规分析中大多数元素能达到10^{-6}的检测限。若辅助采用萃取法、离子交换法或其他富集方法还可进行10^{-9}级的测定。该法分析范围广，目前可测定元素多达73种，既可测定低含量或主量元素，又可测定微量、痕量甚至超痕量元素；既可测定金属类元素，又可间接测定某些非金属元素和有机物；既可测定液态样品，又可测定气态或某些固态样品。抗干扰能力强，原子吸收光谱法谱线的强度受温度影响较小，且无需测定相对背景的信号强度，不必激发，故化学干扰也少很多。精密度高，常规低含量测定时，精密度为1%~3%，若采用自动进样技术或高精度测量方法，其相对偏差小于1%。

（2）应用。

原子吸收光谱分析现已广泛应用于各个分析领域，主要有四个方面：理论研究；元素分析；有机物分析；金属化学形态分析。

第四章

糖类

实验4-1
总糖和还原糖的测定（3,5-二硝基水杨酸法）

一、实验目的

（1）掌握3,5-二硝基水杨酸法测定还原糖和总糖的原理。

（2）学习比色法测定总糖和还原糖的方法。

二、实验原理

还原糖是指具有还原性的糖类分子。含有游离醛基的所有单糖和含有酮基的部分单糖均具有还原性，而双糖和多糖则不一定都具有还原性。利用酸水解非还原性的二糖或者多糖可以得到具有还原性的单糖，再经还原糖测定，即可计算出样品中总糖和还原糖的含量。

还原糖与黄色的3,5-二硝基水杨酸（DNS）共热后被还原成棕红色的氨基化合物，在一定浓度范围内，反应液颜色深浅与还原糖的含量成正比关系，并在540 nm波长处有最大光吸收。在一定的浓度范围内，还原糖的量与光吸收呈线性关系，可通过比色法测得还原糖的含量。

$$\text{COOH—}C_6H_2(OH)(NO_2)(NO_2) + \text{还原糖} \longrightarrow \text{COOH—}C_6H_2(OH)(NH_2)(NO_2)$$

（DNS）黄色 　　（3-氨基-5-硝基水杨酸）棕红色

三、实验用品

1. 实验材料

红薯粉、无糖藕粉或玉米淀粉等。

2. 实验试剂

(1)3,5-二硝基水杨酸(DNS)试剂:取6.3 g DNS和2 mol/L氢氧化钠溶液262 mL,加到500 mL含有182 g酒石酸钾钠的热水溶液中,再加5 g重蒸酚和5 g亚硫酸钠,搅拌溶液,冷却后加水定容至1000 mL,保存于棕色瓶中。

(2)1 mg/mL葡萄糖标准溶液:准确称取干燥至恒重的葡萄糖1 g,加少量水溶解后,再加12 mol/L浓盐酸8 mL(防止微生物生长),以蒸馏水定容至1000 mL。

(3)6 mol/L盐酸:取250 mL浓盐酸(35%~38%),用蒸馏水稀释到500 mL。

(4)6 mol/L氢氧化钠:称取240 g氢氧化钠,溶于1000 mL蒸馏水中。

4. 实验器材

三角瓶、100 mL容量瓶、试管、移液枪、水浴锅、分光光度计等。

四、实验内容

1. 葡萄糖标准曲线测定

取5支试管,分别加入1 mg/mL的葡萄糖标准溶液0 mL、1 mL、2 mL、4 mL、6 mL、8 mL,用蒸馏水补体积到10 mL,得到0 μg/mL、100 μg/mL、200 μg/mL、400 μg/mL、600 μg/mL、800 μg/mL不同浓度梯度的标准葡萄糖溶液。分别吸取上述不同浓度的标准葡萄糖溶液0.5 mL于6支试管中,按表4-1加入试剂,并混合均匀。

表4-1　葡萄糖标准曲线的测定

试剂	管号					
	0	1	2	3	4	5
葡萄糖标准溶液(1mg/mL)/mL	0	1	2	4	6	8
蒸馏水/mL	10	9	8	6	4	2
含糖量/ $\mu g \cdot mL^{-1}$	0	100	200	400	600	800
另取6支试管,如下加入相应试剂并进行处理						
上述标准葡萄糖溶液取用量/mL	0.5	0.5	0.5	0.5	0.5	0.5

（续表）

试剂	管号					
	0	1	2	3	4	5
DNS试剂/mL	0.5	0.5	0.5	0.5	0.5	0.5
含糖量/ μg	0	50	100	200	300	400
沸水浴中加热5 min后，流水冷却						
水/mL	4	4	4	4	4	4
A_{540}						

在分光光度计上测定A_{540}，以葡萄糖含量（μg）为横坐标、光吸收值为纵坐标作标准曲线。

2. 红薯粉样品中还原糖的提取

称取红薯粉1.00 g，置于在三角瓶中，先以少量水调成糊状，然后加入50~60 mL水，保温20 min后，用容量瓶以水定容到100 mL，过滤，滤液为还原糖待测提取液。

3. 红薯粉样品中总糖的水解及提取

称取红薯粉0.50 g放在三角瓶中，加6 mol/L盐酸10 mL，蒸馏水15 mL，沸水浴加热30 min，冷却后以6 mol/L氢氧化钠调pH至7.0，蒸馏水定容到100 mL，过滤。取滤液10 mL于100 mL容量瓶内，再以水定容到100 mL，即为稀释1000倍的总糖水解液。

4. 样品含糖量的测定

取7支试管，分别按表4-2加入各种试剂，并测定A_{540}。

表4-2　样品中含糖量的测定

试剂	水	还原糖			总糖		
	0号管（空白）	1号管	2号管	3号管	4号管	5号管	6号管
样品量/mL	0.5	0.5	0.5	0.5	0.5	0.5	0.5
DNS试剂/mL	0.5	0.5	0.5	0.5	0.5	0.5	0.5
沸水浴中加热5 min后冷却							
蒸馏水/mL	4	4	4	4	4	4	4
A_{540}							
样品中含糖量/%							

【注意事项】

1. 标准曲线制作与样品含糖量测定应同时进行，一起显色比色。

2. 样品比色前一定要充分混匀。

五、结果与分析

将样品所测得的A_{540}值在标准曲线上查出对应的还原糖量，并按下列公式计算出红薯粉内含还原糖和总糖的含量。

$$还原糖 = \frac{还原糖微克数 \times 样品稀释倍数 \times 100\%}{样品量 \times 0.5} \quad (1)$$

$$总糖 = \frac{水解后还原糖微克数 \times 样品稀释倍数 \times 0.9 \times 100\%}{样品量 \times 0.5} \quad (2)$$

式(2)中乘0.9是为了从测定的总糖水解成的单糖中扣除水解所消耗的水量。

1. 比色时为什么要设计空白管？

2. 糖测定过程中的干扰物质有哪些？如何除去？

实验4-2
总糖的测定(蒽酮比色法)

一、实验目的

(1)掌握蒽酮比色法测定还原糖和总糖的原理和方法。

(2)学会正确使用分光光度计。

二、实验原理

可溶性糖在浓硫酸作用下先脱水生成糖醛或羟甲基糠醛,可与蒽酮反应生成蓝绿色化合物,该化合物在620 nm处有最大光吸收,且在10~100 μg范围内其颜色的深浅与糖的含量成正比,可通过比色法测定糖的含量。该法常用于糖原含量的测定,也可用于葡萄糖含量的测定。

三、实验用品

1. 实验材料

银耳、木耳等干粉。

2. 实验试剂

(1)蒽酮试剂:称取0.2 g蒽酮、1.0 g硫脲,溶解于100 mL浓硫酸中,冷却后备用,储于棕色瓶中。临用时配制。

(2)葡萄糖标准溶液(贮备液):精确称取100 mg葡萄糖,以蒸馏水定容到100 mL,制成1 mg/mL溶液(可加几滴甲苯作防腐剂)。

(3)葡萄糖标准溶液(工作液):吸取葡萄糖标准贮备液10 mL置于100 mL容量瓶中,以蒸馏水定容到100 mL,制成 100 μg /mL 溶液。

(4)6 mol/L盐酸:取250 mL浓盐酸(35%~38%),用蒸馏水稀释到500 mL。

（5）6 mol/L氢氧化钠：称取240 g氢氧化钠，溶于1000 mL蒸馏水中。

3. 实验器材

试管与试管架、电磁炉、分光光度计、移液枪、冰箱或制冰机、烧杯、量筒、三角瓶、100 mL容量瓶。

四、操作步骤

1. 标准曲线的制作

取7支试管，按表4-3加入试剂。

表4-3　蒽酮比色定糖法标准曲线的制作

试剂	试管编号						
	1	2	3	4	5	6	7
葡萄糖标准溶液（100 μg /mL）/mL	0	0.1	0.2	0.4	0.6	0.8	1.0
蒸馏水/mL	1.0	0.9	0.8	0.6	0.4	0.2	0
蒽酮试剂/mL	3.0	3.0	3.0	3.0	3.0	3.0	3.0
葡萄糖含量/μg	0	10	20	40	60	80	100

加入蒽酮试剂后，迅速浸于冰水中冷却，待几支试管均加完后，一起于100 ℃准确加热10 min，并立即置于冰浴中迅速冷却，随后在暗处放置20 min，用分光光度计比色测定吸光值A_{620}，以标准葡萄糖浓度为横坐标、吸光值为纵坐标制作标准曲线。

2. 样品中测定

取植物原料干粉0.1~0.5 g，加水约3 mL，在研钵中研磨成匀浆，转入三角瓶中，并用约12 mL水冲洗研钵2~3次，一并转入三角瓶中，再向三角瓶中加入6 mol/L的盐酸10 mL，搅拌均匀，在沸水浴中水解30 min，冷却后用6 mol/L的氢氧化钠中和至pH呈中性，用蒸馏水定容至100 mL。过滤、稀释成1000倍的总糖水解液。取2支试管，分别加入待测样品溶液1 mL，再加入3.0 mL蒽酮试剂。其余操作与标准曲线操作相同。测其待测样品的A_{620}，对照标准曲线，求得样品溶液的总糖含量。

五、实验结果

$$样品含糖量(\%)=\frac{C\times V_1\times D}{W\times V_2\times 10^6}\times 100$$

式中：C——标准曲线中查得的糖含量（μg）；

V_1——样品提取总体积(mL)；

V_2——样品测定所取总体积(mL)；

D——稀释倍数；

W——样品测定重量(g)。

【注意事项】

1. 食品中的总糖通常指具有还原性的糖(葡萄糖、果糖、乳糖和麦芽糖等)和在测定条件下能水解为还原性单糖的糖的总和。本法适用于可溶性还原糖的测定，测定结果是还原性糖和能水解为还原性糖的糖的总和。

2. 蒽酮试剂不稳定，放置数天后就会因氧化呈褐色，影响显色，因而一般以现配现用为宜。若加入稳定剂硫脲，则可置于冰箱中保存约2周。

3. 蒽酮试剂应缓慢加入。

4. 多糖可与蒽酮试剂反应，应避免溶液中纤维素的污染。

5. 本方法条件控制较严，如反应温度、显色时间、试剂和溶液的初始温度等，这些因素都将影响显色状态，操作稍有疏忽，就会引起误差。

6. 如样品提取液中存在较多的蛋白质，应先除去蛋白质，当存在含有较多色氨酸的蛋白质时，反应不稳定，呈现红色。

思考题

1. 用水提取的糖类有哪些？

2. 制作标准曲线时应注意哪些问题？

实验4-3
葡萄糖含量的测定(苯酚法)

一、实验目的

掌握苯酚-硫酸法测定葡萄糖含量的原理和方法。

二、实验原理

在浓硫酸作用下,可溶性糖脱水生成的糠醛或羟甲基糠醛,能与苯酚缩合成红色化合物,在485 nm波长处有最大吸收峰,且其颜色深浅与糖的含量成正比,因此可用比色法测定。苯酚法可用于甲基化的糖、戊糖和多聚糖的测定,方法简单,灵敏度高,产生的颜色在160 min内稳定。

三、实验用品

1.实验材料

植物叶片。

2.实验试剂

(1)6%苯酚溶液:称取6 g苯酚,加蒸馏水溶解并定容至100 mL,临用前配制。

(2)浓硫酸。

(3)葡萄糖标准溶液(250 μg/mL):将分析纯葡萄糖在80 ℃下烘至恒重,精确称取0.0625 g用蒸馏水定容至250 mL。

(4)待测葡萄糖溶液(浓度在100~200 μg/mL)。

3.实验器材

试管与试管架、分光光度计、烧杯、量筒、滴管、移液枪等。

四、实验内容

1.标准曲线的制作

取干净试管9支，按表4-4依次加入各溶液，在室温下放置30 min显色。然后以1号管为参比，在485 nm波长处比色测定。以糖含量为横坐标、光密度为纵坐标，绘制标准曲线，利用Excel软件求出标准曲线方程。

表4-4 葡萄糖标准曲线的绘制

试剂	管号								
	1	2	3	4	5	6	7	8	9
葡萄糖标准溶液/mL	0	0.1	0.2	0.3	0.4	0.5	0.6	0.7	0.8
蒸馏水/mL	1.0	0.9	0.8	0.7	0.6	0.5	0.4	0.3	0.2
苯酚/mL	1.0	1.0	1.0	1.0	1.0	1.0	1.0	1.0	1.0
浓硫酸/mL	5.0	5.0	5.0	5.0	5.0	5.0	5.0	5.0	5.0
葡萄糖浓度/$\mu g \cdot mL^{-1}$	0	25	50	75	100	125	150	175	200
A_{485}									

2.可溶性糖的提取

称取0.3 g新鲜植物叶片或果实研磨后，放入干净试管中，加入10 mL蒸馏水，塑料薄膜封口，于沸水中提取30 min，提取液过滤，置于25 mL容量瓶中，反复冲洗试管及残渣，定容至刻度。

3.样品可溶性糖测定

吸取1.0 mL样品液于试管中(重复3次)，按顺序分别加入苯酚1.0 mL、浓硫酸溶液5.0 mL，室温下显色30 min与标准曲线操作相同，并测定光密度。由标准线性方程求出糖的量，计算测试样品中糖的含量。

五、结果计算

$$葡萄糖含量(\mu g/g)=\frac{CV_T}{V_1W}$$

式中：C——标准曲线求得糖量(μg)；

V_T——提取液体积(mL)；

W——组织质量(g)。

思考题

1. 苯酚–硫酸法测定还原糖的优点是什么？

2. 苯酚–硫酸法可以测定哪些糖？

实验4-4
血糖的定量测定(Folin-Wu法)

一、实验目的

(1)掌握Folin-Wu法测定血糖含量的原理和方法。

(2)学会制备无蛋白血滤液。

二、实验原理

葡萄糖是一种多羟基的醛化合物,其醛基具有还原性,在加热条件下能使碱性铜试剂中的Cu^{2+}还原为砖红色的氧化亚铜(Cu_2O)沉淀,而葡萄糖中的醛基则被氧化为羧基。另外,氧化亚铜又可使磷钼酸还原成蓝色的钼蓝,并且在一定范围内蓝色的深浅与溶液中葡萄糖的浓度成正比,故可用比色法测定钼蓝的光吸收值来测定葡萄糖的浓度。

$$\underset{(\text{氧化亚铜})}{3Cu_2O} + 2MoO_3 \longrightarrow 6CuO + \underset{(\text{钼蓝})}{Mo_2O_3}$$

血糖即血液中存在的葡萄糖。由于血液中成分复杂,尤其是存在各种蛋白质,它们对血糖的测定会造成干扰。因此,测定血糖含量时应先除去血液中的蛋白质,制成无蛋白滤液,再进行测定。常用钨酸法,因钨酸钠与硫酸作用,生成钨酸,可使血红蛋白等凝固、沉淀。通过离心或过滤即得到无蛋白滤液。

$$\underset{(\text{钨酸钠})}{Na_2WO_4} + H_2SO_4 \longrightarrow \underset{(\text{钨酸})}{H_2WO_4} + Na_2SO_4$$

在测定过程中,为了防止空气中的氧对Cu_2O的氧化,造成测定结果误差。因此,在实验中应采用特制的Folin-Wu式血糖管,这样可以尽量减少与空气的接触。

三、实验用品

1.实验材料

鸡或兔。

2.实验试剂

(1)草酸钾(A.R.)。

(2)0.25%苯甲酸溶液。

(3)10%钨酸钠溶液:称取10 g钨酸钠,用双蒸水溶解后定容至100 mL。

(4)1/3 mol/L硫酸溶液。

(5)标准葡萄糖溶液(0.1 mg/mL):称取1.00 g无水葡萄糖,用0.25%的苯甲酸水溶液溶解后定容至1000 mL。使用时用蒸馏水稀释,配成0.1 mg/mL的葡萄糖工作溶液。

(6)碱性铜试剂:分别称取40 g无水碳酸钠、7.5 g酒石酸、4.5 g硫酸铜结晶,用蒸馏水溶解后混合,定容至1000 mL。本试剂于室温下可长期保存使用,若有沉淀产生,可过滤后再使用。

(7)磷钼酸试剂:称取70 g钼酸、10 g钨酸钠,10%氢氧化钠400 mL及蒸馏水400 mL,于烧杯中混合加热20~40 min(以除去可能夹杂于钼酸中的氨)。冷却后加入85%磷酸250 mL,混匀后定容至1000 mL。

3、实验器材

剪刀、奥氏吸量管、血糖管、小漏斗、721型分光光度计、水浴锅、移液管、容量瓶等。

四、实验内容

1.制备无蛋白滤液

杀鸡取血后立即按草酸钾:血液=2:1(w/v)的比例加入草酸钾,以制备抗凝血。取一支试管,加入7.5 mL蒸馏水,再用奥氏吸量管量取0.5 mL抗凝血,小心擦去管外血液后,置于试管底部缓缓放出血液。吸取试管内蒸馏水吹洗吸管数次后,充分摇匀,使血液完全溶血。注意不要使血液黏附于奥氏吸量管壁。加入1/3 mol/L硫酸1 mL,边加边摇,摇匀后放置5 min,随后加入10%钨酸钠溶液1 mL,边加边摇,摇匀后放置5 min,过滤，收集滤液备用。若滤液不清，应重新过滤直至滤液澄清为止。至此，所制得的滤液为20倍稀释的无蛋白血滤液，即每毫升血滤液相当于含血0.05 mL。

2.血糖的测定

取血糖管3支，按表4-5进行编号操作。

表4-5 血糖的测定

试剂用量/mL	血糖管编号		
	空白管	标准管	测定管
蒸馏水	2.0		
无蛋白血滤液			2.0
标准葡萄糖液		2.0	
碱性铜溶液	2.0	2.0	2.0
混匀，沸水浴中煮8 min，勿摇动取出，流水冷却			
磷钼酸试剂	2.0	2.0	2.0
蒸馏水	19.0	19.0	19.0

充分混匀，用分光光度计测 A_{620} 的值。

【注意事项】

1.过滤时应于漏斗上盖一表面皿，防止水分蒸发。

2.所用试管、漏斗均需干燥。

五、实验结果

$$每100\ mL血液中所含葡萄糖的质量(mg)=\frac{A_{测}}{A_{标}}\times标准葡萄糖的浓度(mg/mL)\times\frac{100}{0.1}$$

式中，0.1表示2 mL血滤液相当于0.1 mL血液，100表示100 mL全血。

思考题

测定血糖的意义是什么？

第五章

脂类化学

实验5-1
粗脂肪的提取和含量测定

一、实验目的

(1)掌握索氏提取法提取脂肪的原理和方法。

(2)掌握重量法对粗脂肪进行含量测定的方法。

二、实验原理

脂类是指不溶于水(或者难溶于水)易溶于非极性溶剂的生物大分子,脂肪是重要的一种脂类。索氏提取法利用脂肪易溶于有机溶剂(无水乙醚,石油醚等)的特点,采用回流提取法浸提样品中的脂肪。由于样品中的色素、树脂、磷脂、固醇等也能溶于有机溶剂,因此索氏提取法提取的脂肪为粗脂肪。

本实验采用重量法对粗脂肪进行含量测定。将样品浸泡于无水乙醚或石油醚中,经索氏提取器进行回流提取,使粗脂肪溶于溶剂中,待提取结束后蒸发溶剂,所得的残留物即为粗脂肪。

三、实验用品

1. 实验材料

芝麻。

2. 实验试剂

石油醚(沸程:60~90 ℃)。

3. 实验器材

索氏抽提器(50 mL)、恒温水浴锅、烘箱、分析天平、干燥器、脱脂滤纸、脱脂棉花及棉线、镊子、铁架台、烧杯、研钵、不锈钢药匙。

四、实验内容

1.样品处理

将芝麻放在75~80 ℃的烘箱中烘至恒重。冷却后，用研钵粉碎磨细，准确称取5.00 g样品于脱脂滤纸中并用脱脂棉线将滤纸包扎好，防止样品漏出。

2.回流提取

(1)将清洗好并烘干的索氏提取瓶称重，准确记录重量。

(2)在索氏提取瓶中加入体积为索氏提取瓶容积1/3~1/2的石油醚，将包扎好的样品包小心地放入索式抽提器中，使滤纸包的高度低于虹吸管上端弯曲部位，连接好索氏提取瓶、索氏提取器、冷凝管，用铁架台支撑固定并确保连接处不漏气，用脱脂棉轻轻塞住冷凝管上端，打开冷凝水。将连接好的装置下降至电热恒温水浴锅中。

(3)调节电热恒温水浴锅温度为70~80 ℃，以每小时回流3~5次为最佳，连续回流提取6小时。

3.回收溶剂并称重

提取完毕后，待索氏提取器中的石油醚完全回流到提取瓶中，取出浸提管中的样品包，继续回流一次，以清洗浸提管。旋转索氏提取器旋钮至水平，继续加热回流，待索氏提取器浸提管中的石油醚液面接近虹吸管时，倒出石油醚。若提取瓶中仍有石油醚则继续蒸馏，直至提取瓶中的石油醚完全蒸出。取下提取瓶，在通风橱中用电吹风将剩下的石油醚吹干，置于105 ℃烘箱中烘至恒重，准确记录重量。

【注意事项】

1.样品应干燥后研磨，样品需严密包扎于脱脂滤纸中，不能漏出。包裹样品的滤纸包须低于索氏提取器虹吸管顶端位置，使石油醚能完全浸透滤纸包。

2.石油醚易燃、易爆，实验过程中不得使用明火。

3.如果待测样品为液体，应将规定体积的样品滴在脱脂滤纸上，在60~80 ℃烘箱中烘干后，将脱脂滤纸放入索氏提取器内提取。

五、结果与分析

按下式计算样品中粗脂肪的百分含量：

$$粗脂肪含量 = \frac{W_1 - W_2}{M} \times 100\%$$

式中：W_1——提取粗脂肪干燥后提取瓶重(g)；

W_2——提取瓶重(g)；

M——样品质量(g)。

思考题

1. 索氏提取法提取的为什么是粗脂肪？
2. 做好本实验应该注意的地方有哪些？

实验5-2 血清总胆固醇的定量测定（邻苯二甲醛法）

一、实验目的

（1）掌握定量测定血清总胆固醇的原理与方法。

（2）了解总胆固醇的生理学意义。

二、实验原理

血清总胆固醇是指血液中所有脂蛋白所含胆固醇的总和。总胆固醇包括游离胆固醇和胆固醇酯，肝脏是合成和贮存胆固醇的主要器官。胆固醇是合成肾上腺皮质激素、性激素、胆汁酸及维生素D等生理活性物质的重要原料，也是构成细胞膜的主要成分，其血清浓度可作为脂代谢的指标。临床上将血清总胆固醇增高称为高胆固醇血症。血清中胆固醇含量增高常见于肾病综合征、动脉粥样硬化、胆总管阻塞、胆石症、胆道肿瘤、糖尿病、黏液性水肿等，血清中胆固醇含量降低常见于甲状腺功能亢进、恶性贫血、急性重症肝炎、肝硬化胆固醇合成减少等。

胆固醇及胆固醇脂，在强酸存在下与邻苯二甲醛反应，产生紫红色化合物，该化合物在550 nm波长处有最大吸收峰，分光光度计在550 nm处进行比色测定，胆固醇含量在4 mg/mL之内，与OD值呈良好线性关系。

三、实验用品

1.实验材料

人血清。

2.试剂

(1)邻苯二甲醛试剂:称取邻苯二甲醛(A.R.)50 mg,以无水乙醇(A.R.)溶解并稀释50 mL,冷藏。

(2)90%乙酸:取冰乙酸90 mL加入10 mL蒸馏水混匀即成。

(3)混合酸:取90%乙酸试剂加入等体积的浓硫酸混匀即成。

(4)标准胆固醇储存液(1 mg/mL):准确称取胆固醇(A.R.)100 mg以乙酸定容至100 mL。

(5)标准胆固醇应用液(0.1 mg/mL):将标准胆固醇储存液(1 mg/mL)用乙酸稀释10倍。

3.器材

电子分析天平、紫外可见分光光度计等。

四、实验内容

1.标准曲线的制备

取5支试管,按表5-1加入相应的试剂。

表5-1 胆固醇标准曲线的绘制(邻苯二甲醛法)

试剂	试管号				
	1	2	3	4	5
标准胆固醇溶液/mL	0	0.1	0.2	0.3	0.4
乙酸/mL	0.4	0.3	0.2	0.1	0
邻苯二甲醛试剂/mL	0.2	0.2	0.2	0.2	0.2
蒸馏水/mL	0.01	0.01	0.01	0.01	0.01
混合酸/mL	4.0	4.0	4.0	4.0	4.0
100 mL样品中总胆固醇含量/mg	0	100	200	300	400
$OD_{550\ nm}$					

将上述测定的吸光度和标准品含量绘制胆固醇标准曲线,并计算出回归方程。

2. 待测样品测定

取2支清洁干燥试管并编号后，按表5-2分别加入试剂。

表5-2 样品的测定（邻苯二甲醛法）

试剂/mL	对照	样品	A_{550}
乙酸	0.4	0.4	
血清	0.01	0.01	
无水乙醇	0.2	0	
邻苯二甲醛试剂	0	0.2	
混合酸	4.0	4.0	

加毕，温和混匀，20~37 ℃下静置10 min，于550 nm下比色测定，测得OD值从标准曲线中可查出样品的胆固醇含量。

【注意事项】

1. 混合酸配制时，将浓硫酸加入冰乙酸中，次序不可颠倒。
2. 显色时要避免高温，一般在4~37 ℃时，颜色能稳定2 h。

五、结果与分析

根据测定结果，绘制胆固醇标准曲线，根据曲线查出待测样品中胆固醇的含量。

通过本实验方法，如何测定鱼虾、鸡蛋黄等材料中的胆固醇含量？需要注意些什么？

【拓展资源】

常见血清胆固醇含量测定的方法：

1. 磷硫铁法

血清经无水乙醇处理后，蛋白质被沉淀，胆固醇及胆固醇酯则溶在无水乙醇中。

在乙醇提取液中加入磷硫铁试剂，胆固醇及其酯与试剂形成比较稳定的紫红色化合物，显色程度与胆固醇含量成正比，可用比色法在560 nm波长下定量测定。

2. 乙酸酐法

胆固醇的氯仿或乙酸溶液中加入乙酸酐试剂，使得胆固醇脱水，然后再与硫酸结合生成绿色化合物，可用比色法在620 nm波长下定量测定。

3. 酶试剂检测法

先用胆固醇酯水解酶（CEH）水解胆固醇酯（CH）为游离胆固醇（Ch），后者再被胆固醇氧化酶（COD）氧化为$\triangle^4$–胆甾烯酮和H_2O_2。终点产物的测定可测$\triangle^4$–胆甾烯酮和H_2O_2。现常用Tninder显色系统[过氧化物酶（POD），4–氨基安替吡啉（4–AAP）和酚]来检测H_2O_2。反应生成红色醌亚胺，其最大吸收波长为520 nm，测量所得的吸光值与样品中的胆固醇浓度有对应的线性关系，可通过预先得到的标准曲线求出对应的胆固醇浓度。

实验 5-3
血清甘油三酯的测定(GPO-PAP法)

一、实验目的

(1)掌握酶法(GPO-PAP)测定血清甘油三酯的原理与方法。

(2)了解血清甘油三酯的生理意义。

二、实验原理

血清甘油三酯(Triglycerides,TG)是长链脂肪酸和甘油形成的脂肪分子,甘油三酯浓度的测定对高脂血症的诊断具有重要意义。它的增加可能是遗传原因或继发于其他代谢紊乱,如:糖尿病、甲状腺功能亢进和甲状腺功能减退、肝病、急性和慢性胰腺炎、肾病等。TG浓度升高也是导致动脉粥样硬化的危险因素。血清TG测定方法有化学法、色谱法、酶法三大类,目前酶法作为检测血清TG的常规方法。TG可被脂蛋白脂酶(Lipoprotein Lipase,LPL)水解为甘油和游离脂肪酸,甘油在甘油激酶(Glycerol kinase,GK)的作用下生成甘油-3-磷酸和ADP。甘油-3-磷酸在3-磷酸甘油氧化酶(Glycerol 3-phosphate oxidase,GPO)作用下产生过氧化氢,过氧化氢在4-氨基安替吡啉(4-A minoantipyrine,4-AAP)和氯酚(Chlorophenol)存在时,经过氧化物酶(Peroxidase,POD)催化生成红色醌类化合物,在505 nm处有最大吸收,反应过程如下所示。

Triglycerides —LP→ fatty acids + glycero

glycero —(ATP → ADP, GK)→ …

… —GPO→ H_2O_2 + …

H_2O_2 + … —(4 - APP + monochloropheno, POD)→ …

三、实验用品

1. 实验材料及试剂

(1)新鲜洁净未溶血的血清。

(2)甘油三酯标准液:2.26 mmol/L。

(3)显色试剂R_1组成:

Tris-HCl缓冲液:0.1 mmol/L。

4-氯酚:2.20 mmol/L。

(4)酶试剂R_2组成:

酯蛋白脂肪酶(LPL)≥3000 U/L;

甘油激酶(GK)≥1.50 kU/L;

过氧化物酶(POD)≥12.50 kU/L;

磷酸甘油氧化酶(GPO)≥3000 U/L;

4-氨基安替吡啉(4-AAP):1.3 mmol/L;

ATP:1.8 mmol/L。

2.实验器材

紫外可见分光光度计、恒温水浴锅、移液器、1.5 mL EP管、旋涡混合器等。

四、实验步骤

1. 酶促反应体系

取3支干净试管，按照表5-3加入相应的试剂。

表5-3　GPO-PAP法测定血清甘油三酯含量反应体系

试剂/mL	空白管	标准管	待测管
血清	—	—	0.01
标准液	—	0.01	—
蒸馏水	0.01	—	—
试剂 R_1	0.08	0.80	0.08
混匀，37 ℃恒温5 min			
试剂 R_2	0.20	0.20	0.20

2. 测定吸光度值

分别混匀空白管、标准管、待测管中的试剂，置于37 ℃恒温水浴锅中5 min，之后取出3支试管，在波长505 nm处，以空白管调零后，再测标准管和测定管的吸光度值。血清样本按照相同的方法至少重复测定3次取均值。

五、结果与分析

1. 记录数据

将各试管的吸光度值填入表5-4。

表5-4　GPO-PAP法测定血清甘油三酯含量的实验结果

波长	空白管	标准管(A_s)	待测管(A_u)
A_{505}	0		

2. 甘油三酯浓度计算

血清样本甘油三酯含量(TG)浓度计算公式：

$$C_{TG}=A_u/A_s\times C_s$$

式中，C_{TG}——血清样本中TG物质的量浓度(mmol/L)；

A_u——待测管的吸光度；

A_s——标准管的吸光度；

C_s——标准TG物质的量浓度(mmol/L)。

【注意事项】

1. 当试剂浑浊、出现红色时则不能使用。TG标准品应4 ℃冷藏，勿冷冻以免浑浊。

2. 注意将分光光度计预热，并使比色皿恒温至37 ℃。

思考题

1. 在该方法中，影响测定血清甘油三酯的因素有哪些？

2. 还有哪些方法可以测定血清甘油三酯的含量？这些方法各有何优缺点？

3. 该方法测定血清甘油三酯的含量与真值相比，结果如何？

实验 5-4
膜磷脂的薄层色谱分析

一、实验目的

(1)掌握薄层色谱法分离膜磷脂的原理和方法。

(2)掌握薄层色谱法的基本操作。

二、实验原理

细胞的质膜和内膜系统总称为生物膜,生物膜中含有蛋白质、极性脂质和糖脂等。磷脂是细胞膜的主要成分和功能物质,磷脂的含量决定了膜的通透性和流动性,对维持细胞内氧的传递起重要作用。动物细胞的膜磷脂中以甘油磷脂为主,特别是磷脂酰胆碱和磷脂酰乙醇胺最丰富和普遍,除此外还有磷脂酸、磷脂酰丝氨酸、磷脂酰肌醇等。

薄层色谱法是吸附色谱法的一种,其利用吸附剂(硅胶或氧化铝等)对各组分的吸附能力不同和展开剂对各组分的解吸附能力不同使各组分达到分离的目的,可用于物质的鉴别、检查或含量测定的一种分析方法。

三、实验用品

1. 实验材料

肝素抗凝兔血。

2. 实验试剂

(1)磷脂酰胆碱:称取 5 mg 磷脂酰胆碱溶于 10 mL 氯仿–甲醇溶液中(2∶1,v/v)。

(2)磷脂酰乙醇胺:称取 5 mg 磷脂酰乙醇胺溶于 10 mL 氯仿–甲醇溶液中(2∶1,v/v)。

（3）磷脂酰丝氨酸：称取5 mg磷脂酰丝氨酸溶于10 mL氯仿-甲醇溶液中（2∶1，v/v）。

（4）神经鞘磷脂：称取5 mg神经鞘磷脂溶于10 mL氯仿-甲醇溶液中（2∶1，v/v）。

（5）磷脂混合标准品溶液：称取磷脂酰胆碱，磷脂酰乙醇胺，磷脂酰丝氨酸，神经鞘磷脂各5 mg溶于10 mL氯仿-甲醇溶液中（2∶1，v/v）。

（6）5 mmol/L pH7.4 磷酸盐缓冲液：取81 mL 0.2 mol/L Na_2HPO_4溶液与19 mL 0.2 mol/L NaH_2PO_4混合均匀后，加水稀释40倍。

（7）5mmol/L Tris-HCl溶液：取50 mL 0.1 mol/L Tris溶液与42.2 mL 0.1 mol/L盐酸混合均匀后，加水稀释至1000 mL。

（8）0.1 mol/L KCl：称取0.746g KCl，定容至100 mL容量瓶中，配成0.1 mol/L KCl。

（9）氯仿。

（10）甲醇。

3. 实验器材

高效薄层层析硅胶G板，真空冷冻干燥机，冷冻离心机，漩涡混匀器，氮吹仪，具塞试管，具塞三角瓶，无脂滤纸等。

四、实验内容

1.红细胞膜制备

取新鲜肝素抗凝兔血5 mL，于冷冻离心机（4 ℃）下3000 r/min离心15 min，沉淀红细胞后除去白细胞和血小板层，收集红细胞。加入3倍红细胞体积的预冷pH7.4磷酸盐缓冲液，吹打悬浮红细胞，3000 r/min离心10 min，除去上清液，如此反复洗涤3次后得到红细胞。加入50倍红细胞体积的预冷Tris-HCl（5 mmol/L，pH7.4）溶液，超声15 min（80 Hz，20 ℃），4 ℃过夜。红细胞溶血液以15000 r/min离心10 min，弃去上清液，以Tris-HCl（5 mmol/L pH7.4）溶液反复洗涤、离心3次，得红细胞膜。

2.红细胞膜磷脂的提取

取0.5 mL红细胞膜加入3.5 mL的甲醇，在漩涡混匀器上剧烈振荡2 min，加3.5 mL氯仿振荡5 min，再加入3.5 mL氯仿振荡10 min，静置20 min后用无脂滤纸过滤。加入滤液体积1/5的0.1 mol/L的KCl，剧烈振荡，静置后分层，用细滴管吸出下相液。氮气吹干，用氯仿-甲醇(2:1，v/v)溶解待测。

3.磷脂标准品混合溶液制备

磷脂酰胆碱、磷脂酰乙醇胺、磷脂酰丝氨酸和神经鞘磷脂各5 mg，溶于1 mL氯仿溶液，配置成磷脂标准品混合液备用。

4.薄层色谱法分析红细胞膜磷脂

用活化的硅胶G板展层，点样基线距离硅胶板边缘1 cm处，用毛细管点样，点样量为30 μg，将磷脂标准品混合溶液和红细胞膜磷脂提取液分别点于同一硅胶板上。可将磷脂酰胆碱、磷脂酰乙醇胺、磷脂酰丝氨酸、神经鞘磷脂标准品溶液和各磷脂标准品混合溶液分别点于另一硅胶板上，确定各磷脂标准品在硅胶板上的位置。展层剂以氯仿-甲醇-冰醋酸-水(50:25:10:2)为展开剂，预饱和20 min后放入点样薄层色谱板。展开，当溶剂边缘距离薄板2~3 cm时，取出薄板，通风橱内干燥15 min，取出用碘蒸气熏显色，得到薄层层析图。

五、结果与分析

红细胞膜磷脂样品中各脂类定性鉴定薄层显色后，记录下各个斑点的位置，绘出层析图谱，根据各显色斑点的相对位置计算R_f值。

$$R_f=\frac{\text{薄层色谱法中原点到斑点中心的距离（cm）}}{\text{原点到溶剂前沿的距离（cm）}}$$

【注意事项】

1. 选用高效硅胶G薄层板，展层缸需进行预饱和，点样量的样点尽可能的小而圆。

2. 红细胞膜磷脂采用甲醇-氯仿溶剂萃取后用0.1 mmol/L的KCl溶液进行洗涤除去变性蛋白。

思考题

1. 查阅文献了解红细胞膜磷脂的分析技术研究进展。
2. 红细胞磷脂中的主要脂类成分有哪些？

第六章

蛋白质化学

实验6-1
氨基酸的薄层层析

一、实验目的

(1)掌握薄层层析法的一般原理。

(2)掌握氨基酸薄层层析法的基本操作技术。

(3)掌握如何根据移动速率(R_f值)来鉴定被分离的物质(即氨基酸混合液)的方法。

二、实验原理

薄层层析一般是将固体吸附剂涂布在平板上形成薄层作为支持物。由于该方法具有操作简便、层析展开时间短、灵敏度高、结果可视化等优点,已被广泛应用于生物化学、医药卫生、化学工业、农业生产和食品等领域,对天然化合物的分离和鉴定也已广泛应用。当液相(展开溶剂)在固定相上流动时,由于吸附剂对不同氨基酸的吸附力不一样,不同氨基酸在展开溶剂中的溶解度不一样,点在薄板上的混合氨基酸样品随着展开剂的移动速率也不同,因而可以彼此分开。

本实验用硅胶作为固相支持物,羧甲基纤维素钠作为黏合剂,以正丁醇、冰醋酸及水的混合液为展开剂,测定混合氨基酸中各分离斑点的R_f值,以分离和鉴别混合氨基酸的成分。

三、实验用品

1. 实验试剂

(1)氨基酸标准溶液:

①0.01 mol/L丙氨酸:称取丙氨酸8.9 mg溶于90%异丙醇溶液至10 mL。

②0.01 mol/L精氨酸：称取精氨酸17.4 mg溶于90%异丙醇溶液至10 mL。

③0.01 mol/L甘氨酸：称取甘氨酸7.5 mg溶于90%异丙醇溶液至10 mL。

(2)混合氨基酸溶液：将0.01 mol/L丙氨酸、0.01 mol/L精氨酸、0.01 mol/L甘氨酸按等体积制成混合溶液。

(3)硅胶G。

(4)0.5%羧甲基纤维素钠(CMCNa)：取羧甲基纤维素钠5 g溶于1000 mL蒸馏水中，煮沸，静置冷却，弃沉淀，取上清备用。

(5)展开溶剂：按80∶10∶10比例(v/v/v)混合正丁醇、冰醋酸及蒸馏水，临用前配制。

(6)0.1%茚三酮溶液：取茚三酮0.1 g溶于异丙醇至100 mL。

(7)展层-显色剂：按照10∶1比例(v/v)混匀展开剂和0.1%茚三酮溶液。

2. 实验器材

层析板(6 cm×15 cm)、小烧杯、量筒(10 mL)、铅笔、小尺子、吹风机、毛细玻璃管、层析缸、烘箱等。

四、实验内容

1. 薄层板的制备

(1)调浆：称取硅胶3 g，加0.5%的羧甲基纤维素钠8 mL，调成均匀的糊状。

(2)涂布：取洁净的干燥玻璃板均匀涂层。

(3)干燥：将玻璃板水平放置，室温下放置0.5 h，自然晾干。

(4)活化：70 ℃烘干60 min。

2. 点样

(1)标记：用铅笔距底边2 cm水平线上均匀确定4个点并做好标记。每个样品间相距1 cm。

(2)点样：用毛细管分别吸取丙氨酸、精氨酸、甘氨酸及混合氨基酸溶液，轻轻接触薄层表面点样。加样原点扩散直径不超过2 mm。点样后用电吹风轻轻吹干，必要时重复加样。

3. 展层

将薄层板点样端浸入展层-显色剂，展层-显色剂液面应低于点样线。盖好层析缸盖，上行展层。当展层剂前沿离薄板顶端2 cm时，停止展层，取出薄板，用铅笔描出溶剂前沿界线。

4. 显色

用热风吹干或在90 ℃下烘干，即可显出各层斑点。

【注意事项】

1. 薄层板制备：薄层层析用的吸附剂如氧化铝和硅胶的颗粒大小一般以通过200目左右筛孔为宜，如果颗粒太大，展开时溶剂推进速度太快，分离效果不好。反之，颗粒太小，展开时太慢，斑点易拖尾，分离效果不好。粘在玻璃板侧面边上的硅胶粉应去掉，否则在层析时会有较强的边缘效应。

2. 点样：点样的次数依照样品溶液的浓度而定，样品量太少时，有的成分不易显示，样品量太多时易造成斑点过大，互相交叉或拖尾，不能得到很好的分离。重复点样时必须等第一点样品干后再点第二点，点样后的斑点直径一般为0.2 cm。

3. 展层：样点不能浸入到溶液中。为防止层析液挥发，可将层析缸盖涂上凡士林。

4. 避免污染：整个层析过程中，避免用手接触层析板，必要时戴上手套。

五、结果与分析

展层结束并显色后，在薄层板上用铅笔标注出溶剂前沿和样品斑点中心离点样点的距离，并计算每个标准氨基酸和混合氨基酸的相对迁移率（R_f值）。按照表6-1记录各氨基酸色斑中心至样品原点中心距离及溶剂前缘至样品原点中心距离，并计算R_f值。

表6-1 各氨基酸色斑中心及溶液前沿至原点距离记录

测定次数	各氨基酸色斑中心至原点的距离 a/cm						
	丙氨酸	甘氨酸	精氨酸	混合点1	混合点2	混合点3	溶剂前沿
1							
2							

（续表）

测定次数	各氨基酸色斑中心至原点的距离 a/cm						
	丙氨酸	甘氨酸	精氨酸	混合点1	混合点2	混合点3	溶剂前沿
3							
平均 a 值							
R_f 值							

*R_f 值=层析斑点中心斑点至原点距离 / 溶剂前沿至原点的距离

根据实验原理，结合 R_f 值判断混合样品中氨基酸的组成。

思考题

1. 影响硅胶薄层层析中样品 R_f 值的因素有哪些？
2. 薄层层析板为什么要进行活化？

实验6-2
离子交换柱层析法分离氨基酸

一、实验目的

（1）掌握离子交换树脂分离氨基酸的基本原理。

（2）学会装柱、洗脱、收集等离子交换柱层析技术。

二、实验原理

树脂（惰性支持物）上结合了阳离子或阴离子后，可与阴离子或阳离子结合，改变溶液的离子强度，则这种离子结合又解离。由于不同的氨基酸在不同的pH及不同的离子强度溶液中所带电荷各不相同，故对离子交换树脂的亲和力也各不相同。从而可以在洗脱过程中按先后顺序洗出，达到分离的目的。

三、实验用品

1. 实验试剂

（1）磺酸阳离子交换树脂（国产732型阳离子树脂，粒度200目）。

（2）柠檬酸缓冲液（pH5.3，钠离子浓度为0.45 mol/L）：称取57 g柠檬酸，用适量的蒸馏水溶解，加入37.2 g NaOH，21 mL浓HCl混匀，用蒸馏水定容至2000 mL。

（3）显色剂（0.5%茚三酮）：0.5 g茚三酮溶于100 mL 95%乙醇中。

（4）混合氨基酸样品：将2 mg/mL的Asp溶液和4 mg/mL的Lys溶液（均用0.02 mol/L HCl配制）按照1∶3的比例混合。

（5）0.1% $CuSO_4$溶液。

2. 实验器材

层析柱1.2 cm × 19 cm、恒流泵、部分收集器、10 mL刻度试管、250 mL烧杯、1.0 mL

吸管、紫外可见分光光度计等。

四、实验内容

1.树脂的处理

干树脂经蒸馏水膨胀，除去细小颗粒，然后用4倍体积的2 mol/L HCl搅拌放置2 h，弃酸液，用蒸馏水洗涤至中性。加4倍体积的2 mol/L NaOH搅拌放置2 h，弃碱液，用蒸馏水洗涤至中性。再用1 mol/L NaOH浸半小时(转型)，用蒸馏水洗至中性。

2.装柱

垂直装好层析柱，关闭出门，加入柠檬酸缓冲液约1 cm高。往处理好的树脂(12~18 mL)加入等体积缓冲液，搅匀，沿管内壁缓慢加入，柱底沉积约1 cm高时，缓慢打开出口，继续加入树脂直至树脂沉积达8 cm高，保持液面高出树脂表面1 cm左右。装柱要求连续、均匀、无纹格、无气泡、表面平整，液面不得低于树脂表面，否则要重新装柱。

3.平衡

将柠檬酸缓冲液瓶与恒流泵相连，恒流泵出口与层析柱入口相连，树脂表面保留3~4 cm左右的液层，开动恒流泵，以24 mL/h的流速平衡，直至流出液pH与洗脱液pH相同(约需2~3倍柱床体积)。

4.加样

揭去层析柱上口盖子，待柱内液体流至树脂表面1.0~2.0 mm关闭出口，沿管壁四周小心加入0.5 mL样品，慢慢打开出口，使液面降至与树脂表面相平处关闭，吸少量缓冲液冲洗层析管内壁数次，再加缓冲液至液层3~4 cm左右，接上恒流泵。加样时应避免冲破树脂表面，避免将样品全部加在某一局限部位。

5.洗脱

以柠檬酸缓冲液洗脱，洗脱流速24 mL/h，用部分收集器收集洗脱液，1.5 mL/管×50。

6.测定

分别取各管洗脱液1 mL，各加入显色剂1 mL，混合后沸水浴5 min，冷却，各加0.1%$CuSO_4$溶液3 mL，混匀，测定每一管的$A_{570\ nm}$。

【注意事项】

1. 试管太多，建议大家进行水浴时使用铝制试管架或100 mL烧杯水浴，使用橡皮筋绑试管时一捆不要太多，否则中间的管容易脱出摔裂。水浴锅内水面刚好没过试管架中层即可。

2. 应避免用手直接接触茚三酮。

五、结果与分析

以吸光度值为纵坐标，洗脱液累计体积（每管1.5 mL，故1.5 mL为一个单位）为横坐标绘制洗脱曲线并分析结果。

思考题

1. 为什么要使样品缓慢地进入层析柱的树脂？

2. 为什么要使用梯度缓冲液来洗脱？为什么0.45 mol/L的缓冲液加入到A池中？

3. 三次加入缓冲液的作用分别是什么？

实验6-3
甲醛滴定法测定氨基氮

一、实验目的

(1)掌握氨基酸的两性性质。

(2)掌握甲醛滴定法测定氨基酸含量的原理和操作要点。

二、实验原理

氨基酸在水溶液中绝大多数以两性离子的形式存在,在水溶液中有如下平衡:

$$NH_3^+ \rightleftharpoons NH_2$$

—NH_3^+是弱酸,完全解离时pH为11~12或更高,一般指示剂变色域小于10,若用碱直接滴定—NH_3^+所释放的H^+来测量氨基酸,很难准确指示终点。常温下,甲醛能迅速与氨基酸的氨基结合,生成羟甲基化合物,使上述平衡右移,促使—NH_3^+释放H^+,使溶液的酸度增加,滴定终点移至酚酞的变色域内(pH9.0左右)。因此,用过量的中性甲醛与氨基酸反应,可游离出NH_3^+解离的氢离子,然后用NaOH滴定,从消耗的碱量可以计算出氨基氮的含量。

三、实验用品

1. 实验试剂

(1)0.5% 酚酞酒精溶液:称0.5 g酚酞溶于100 mL 50%酒精中。

(2)0.10 mol/L甘氨酸溶液:称取0.75 g甘氨酸溶于少量蒸馏水中,移入100 mL容量瓶定容。

(3)标准0.10 mol/L 氢氧化钠溶液:标准氢氧化钠溶液应在使用前标定,并在密闭瓶中保存。

(4)中性甲醛溶液400 mL:在50 mL 36%~37%分析纯甲醛溶液中加入0.1%酚酞乙醇水溶液,用0.1 mol/L的标准氢氧化钠溶液滴定到微红,贮于密闭的玻璃瓶中。此试剂在临用前配制。如已放置一段时间,则使用前需重新中和。

2. 实验器材

50 mL锥形瓶、25 mL碱式滴定管、胶头滴管、移液枪或移液管、天平等

四、实验内容

1. 甘氨酸氨基氮的回收率

取3支50 mL锥形瓶,编号,按表6-2加入试剂。

表6-2 甘氨酸氨基氮回收实验

试剂	锥形瓶编号		
	1	2	3
0.1 mol/L甘氨酸溶液或样品/mL	2.0	2.0	—
蒸馏水/mL	5.0	5.0	7.0
中性甲醛溶液/mL	5.0	5.0	5.0
0.5%酚酞乙醇溶液/滴	5	5	5

将上述待滴定的样品混匀,分别用0.1 mol/L标准NaOH溶液滴定至微红色,记录所消耗NaOH的体积。重复以上实验2次,记录每次每瓶消耗标准氢氧化钠溶液的数。取平均值,计算甘氨酸氨基氮的回收率。

$$甘氨酸氨基氮回收率(\%)=\frac{实际测得量}{加入理论量}\times 100$$

式中,实际测得量为滴定第1和2号瓶耗用的标准氢氧化钠溶液mL数的平均值与3号瓶耗用的标准氢氧化钠溶液mL数之差乘以标准氢氧化钠的量浓度,再乘以14.008。2 mL乘以标准甘氨酸的量浓度再乘14.008。即为加入理论量的mg数。

2. 未知浓度氨基氮含量的测定

取未知浓度的甘氨酸溶液2 mL,依上述方法进行测定,平行做三份,取平均值,记录所消耗的NaOH的体积。

五、结果与分析

计算每 mL 未知浓度甘氨酸溶液中含有氨基氮的 mg 数。

每毫升氨基酸溶液中含氨基氮的毫克数为

$$氨基氮(mg) = \frac{(V_1 - V_2) \times 1.4008}{2} \div 甘氨酸氨基氮回收率$$

式中：V_1——滴定样品消耗氢氧化钠的体积(mL)；

V_2——滴定空白消耗氢氧化钠的体积(mL)；

1.4008——1 mL 0.1 mol/L 氢氧化溶液相当的氮量(mg)。

【注意事项】

1. 利用甲醛滴定法可以用来测定蛋白质的水解程度。随着蛋白质水解度的增加，滴定值也增加，当蛋白质水解完成后，滴定值不再增加。

2. 脯氨酸与甲醛作用生成不稳定的化合物，使滴定体积偏低。酪氨酸含有酚羟基，滴定体积偏高。

思考题

1. 根据滴定结果，总结分析此法在实际应用中的优缺点。
2. 甲醛法测定氨基酸含量的原理是什么？
3. 为什么氢氧化钠溶液滴定氨基酸的 NH_3^+，不能直接用酸碱指示剂滴定？

实验6-4
蛋白质及氨基酸的呈色反应

一、实验目的

(1)了解构成蛋白质的基本结构单位及主要连接方式。

(2)了解蛋白质和某些氨基酸的呈色反应原理。

(3)学习几种常用的鉴定蛋白质和氨基酸的方法。

二、实验原理

蛋白质分子结构中某种化学键或氨基酸残基中的某些化学基团能与特定的化学试剂产生特定的有色物质,称为蛋白质的呈色反应。

各种蛋白质分子中氨基酸残基不完全相同,因此产生的颜色也不完全一样。呈色反应并不是蛋白质的专一反应,某些非蛋白质类物质也能产生类似的颜色反应。因此,不能仅仅根据是否发生呈色反应来判断被测物质是否为蛋白质。

1. 双缩脲反应(Birut reaction)

尿素加热至180 ℃左右,生成双缩脲并放出一分子氨。双缩脲在碱性环境中能与Cu^{2+}结合生成紫红色化合物,此反应称为双缩脲反应。蛋白质分子有肽键,其结构与双缩脲相似,也能发生此反应,可用于蛋白质的定性或定量测定。

注意:双缩脲反应不仅含有两个以上肽键的物质所有。含有一个肽键和一个—CS—NH_2,—CRH—NH_2,—CH_2—NH_2—$CHNH_2$—CH_2OH,或—$CHOHCH_2NH_2$等基团的物质以及乙二酰二胺OC═(NH_2)—C(NH_2)═O等物质也有此反应。NH_3也干扰此反应,因为NH_3与Cu^{2+}可生成暗蓝色的络离子$Cu(NH_3)_4^{2+}$,蛋白质或二肽以上的多肽都有双缩脲反应,但有双缩脲反应的物质不一定都是蛋白质或多肽。

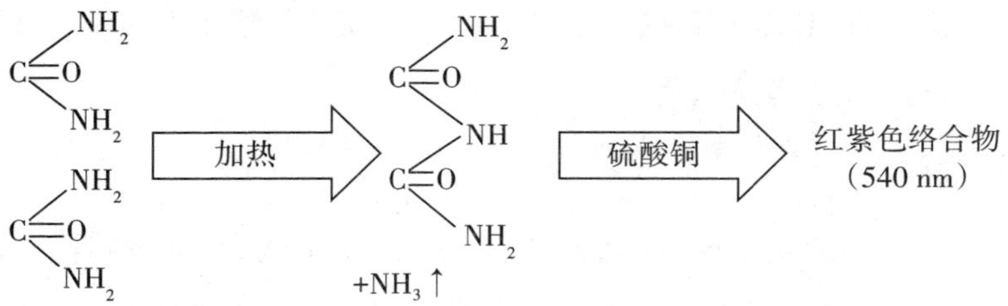

加热　　硫酸铜　　红紫色络合物（540 nm）

$+NH_3\uparrow$

2. 茚三酮反应

除脯氨酸、羟脯氨酸和茚三酮反应产生黄色物质外，所有α-氨基酸及一切蛋白质都能和茚三酮反应生成蓝紫色物质。

β-丙氨酸、氨和许多一级胺都呈正反应。尿素、马尿酸、二酮吡嗪和肽键上的亚氨基不呈现此反应。因此，虽然蛋白质和氨基酸均有茚三酮反应，但能与茚三酮呈阳性反应的不一定就是蛋白质或氨基酸。在定性、定量测定中，应严防干扰物存在。

茚三酮反应分为两步：第一步是氨基酸被氧化形成CO_2、NH_3和醛，水合茚三酮被还原成还原型茚三酮；第二步是所形成的还原型茚三酮与另一个水合茚三酮和氨缩合生成有色物质。反应机理如下：

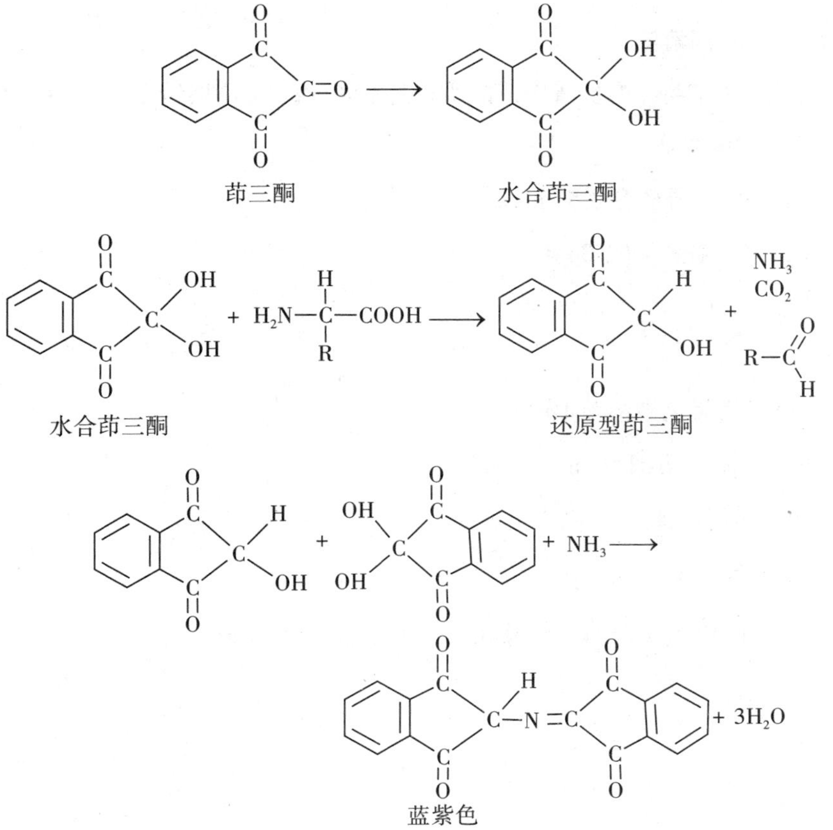

茚三酮　　水合茚三酮

水合茚三酮　　还原型茚三酮

蓝紫色

此反应的适宜pH为5~7，同一浓度的蛋白质或氨基酸在不同pH条件下的颜色深浅不同，酸度过大时甚至不显色。

3. 黄色反应

含有苯环结构的氨基酸，如酪氨酸、色氨酸，遇硝酸后，可被硝化成黄色物质，该化合物在碱性溶液中进一步形成深橙色的硝醌酸钠。反应式如下：

$$OH-C_6H_5 + HNO_3 \longrightarrow OH-C_6H_4-NO_2 \xrightarrow{NaOH} O=C_6H_4=N(=O)-O^-Na^+$$

硝基酚（黄色）　硝醌酸钠（橙黄色）

三、实验用品

1. 实验试剂

（1）尿素。

（2）10% 氢氧化钠溶液。

（3）2% 硫酸铜溶液。

（4）卵清蛋白溶液：鸡蛋清用蒸馏水稀释6倍，通过2~3层纱布过滤除去不溶物。

（5）0.5% Glu溶液。

（6）0.1% 茚三酮水溶液50 mL。

（7）0.5% 酪氨酸溶液10 mL。

（8）头发。

（9）指甲。

（10）40% 氢氧化钠溶液100 mL。

（11）0.5% 苯酚溶液50 mL。

（12）浓硝酸200 mL。

2. 实验器材

试管、烧杯、电磁炉、移液器、指甲刀、剪刀、胶头滴管等。

四、实验内容

1. 双缩脲反应

取少量尿素结晶(火柴头大小),放在干燥试管中。用微火加热使尿素熔化。熔化的尿素开始硬化时,停止加热,尿素放出氨基酸,形成双缩脲。冷却备用,为1号。另取两支试管,编号2号和3号,按表6-3分别加入卵清蛋白溶液和0.5% Glu溶液以及相应的试剂。

表6-3 双缩脲反应

项目	1	2	3
反应样品	双缩脲少许	卵清蛋白1 mL	0.5%Glu 1 mL
10% NaOH/滴	5	5	5
2% $CuSO_4$/滴	1	1	1
现象			

在上述三支试管中分别进行如下操作:加10%氢氧化钠溶液5滴,振荡混匀,再加2%硫酸铜溶液1滴,振荡,观察出现的颜色变化。要避免添加过量硫酸铜,否则生成的蓝色氢氧化铜能掩盖粉红色。观察并记录颜色的出现情况并分析原因。

2. 茚三酮反应

取2支试管按照表6-4分别加入卵清蛋白溶液和0.5%Glu溶液各1 mL,再各加2~3滴0.1%茚三酮水溶液,混匀,在沸水浴中加热1~2 min,观察并记录下颜色由粉红色变紫红色再变蓝。

表6-4 茚三酮反应

项目	1(卵清蛋白)	2(Glu)
体积/mL	1	1
茚三酮/滴	3	3
混匀,沸水浴加热1~2 min		
现象		

3. 黄色反应

向6支试管中按照表6-5加入试剂,观察各管出现的现象,有的试管反应慢可略放置,或用微火加热。等各管出现黄色后,于室温下逐滴加入40%氢氧化钠溶液至碱性,观察颜色变化。

表6-5 黄色反应

项目	1号管	2号管	3号管	4号管	5号管	6号管
材料	0.5%苯酚 4滴	鸡蛋清 4滴	指甲 少许	头发 少许	0.5%Glu 4滴	0.5%Tyr 4滴
浓硝酸/滴	4	2	8~10	8~10	4	4
显色时间						
加氢氧化钠						
现 象						

【注意事项】

1. 多数蛋白质分子含有带苯环的氨基酸，所以有黄色反应，而苯丙氨酸不易硝化，需加入少量浓硫酸才有黄色反应。

2. 浓硝酸具有腐蚀性，操作过程要小心。

五、结果与分析

解释各个实验现象，并分析现象产生的原因。

1. 鉴别蛋白质的方法有哪些？简述其原理。

2. 能否利用茚三酮反应可靠鉴定蛋白质的存在，为什么？

实验 6-5
蛋白质的沉淀反应

一、实验目的

(1)加深对蛋白质胶体溶液稳定因素的认识。

(2)了解沉淀蛋白质的几种方法及其实用意义。

(3)了解蛋白质变性与沉淀的关系。

二、实验原理

蛋白质在水溶液中以稳定的胶体溶液存在的因素有:(1)蛋白质颗粒表面有很多极性基团,与水有很高的亲和性,在蛋白质颗粒外形成一层水化膜,使蛋白质颗粒相互分开,避免相互碰撞形成大颗粒而沉淀;(2)蛋白质颗粒在非等电点状态时带有相同电荷,使蛋白质颗粒之间相互排斥,不致聚集而沉淀。因此,在水溶液中的蛋白质分子由于表面的水化层和双电层,可以使蛋白质形成稳定的亲水胶体颗粒。在一定的理化因素影响下,蛋白质颗粒可因失去电荷和脱水而沉淀。

蛋白质的沉淀反应可分为两类:

(1)可逆的沉淀反应:在温和条件下,改变溶液的pH或电荷状况,使蛋白质从胶体溶液中沉淀分离。此时蛋白质分子的结构尚未发生显著变化,除去引起沉淀的因素后,蛋白质的沉淀仍能溶解于原来的溶剂中,并保持其天然性质而不变性。如等电点沉淀法、盐析法、有机溶剂沉淀法等,提纯蛋白质时,常利用此类反应。

(2)不可逆沉淀反应:在强烈条件下,蛋白质的水化层或电荷被破坏。此时蛋白质分子内部结构发生重大改变,蛋白质常因变性而沉淀,不再溶于原来溶剂中。引起不可逆沉淀的因素:加热,重金属盐,生物碱(如苦味酸、钨酸、鞣酸)以及某些酸(如三氯醋酸、过氯酸、硝酸),强酸或强碱等。

1. 盐析

无机盐(硫酸铵、硫酸钠、氯化钠等)的浓溶液因能破坏蛋白质的水化层和双电层,因此能沉淀蛋白质。盐的浓度不同,析出的蛋白质也不同。如球蛋白可在半饱和硫酸铵溶液中析出,而清蛋白则在饱和硫酸铵溶液中才能析出。由盐析获得的蛋白质沉淀,当降低其盐浓度时,又能再溶解在原来的溶剂中,故蛋白质的盐析作用是可逆的沉淀过程。

2. 重金属离子沉淀蛋白质

当溶液的pH>蛋白质pI时,蛋白质颗粒带负电,此时的蛋白质遇到重金属盐类(如:Pb^{2+}、Cu^{2+}、Hg^{2+}、Ag^{+}等)就易形成不溶性盐而沉淀。

重金属盐类与蛋白质发生的沉淀反应通常较为完全,故常用重金属盐除去液体中的蛋白质。在实际生活中,如误服重金属盐的病人可口服大量牛奶或豆浆等来缓解中毒,其原因是牛奶是高蛋白食品,蛋白质与重金属离子形成的不溶性盐可以通过服用催吐剂排出体外。

3. 加热沉淀蛋白质

几乎所有的蛋白质都可因加热变性而沉淀。加热变性引起蛋白质沉淀的原因是高温破坏了蛋白质的水化层,使蛋白质天然结构解体,疏水基团外露。

(1)蛋白质的热变性作用与加热时间和温度有关。加热的温度越高,时间越长,沉淀越彻底。

(2)蛋白质的加热沉淀与溶液pH有关。在强酸或强碱溶液中,蛋白质分子带正电或负电荷,即使加热也不会发生沉淀;但当蛋白质处于等电点时,加热沉淀最完全和最迅速,这是因为加热破坏了水化层,且当蛋白质处于等电点时净电荷为零,破坏了双电层。

(3)少量盐类可以促进蛋白质的加热凝固。我国很早就创造了将大豆蛋白质的浓溶液加热并点入少量盐卤(含$CaSO_4$)来制作豆腐的工艺。即使在强酸或强碱状态,加入一定的中性盐后也可使蛋白质加热而沉淀。

三、实验用品

1. 实验试剂

(1)蛋白质溶液:5%卵清蛋白溶液。

(2)3% 硝酸银溶液。

(3)5% 硫酸铜溶液。

(4)饱和硫酸铵溶液。

(5)硫酸铵结晶粉末。

(6)0.1 mol/L 盐酸溶液。

(7)0.01% 氢氧化钠溶液。

(8)10% 醋酸溶液。

(9)饱和 NaCl 溶液。

(10)10% 氢氧化钠溶液。

2. 实验器材

试管 1.5 cm×18 cm,水浴锅,烧杯,胶头滴管,5 mL 移液枪,1 mL 移液枪等。

四、实验内容

1. 蛋白质的盐析

加5% 卵清蛋白溶液 5 mL 于试管中,再加等量的饱和硫酸铵溶液,混匀后静置数分钟则析出球蛋白的沉淀。用吸管将上清液吸出,向沉淀中加少量水,观察是否溶解。向上清液中添加硫酸铵粉末到不再溶解为止,观察是否有沉淀产生,如果有沉淀,静置,用吸管将上清液吸走,向沉淀中加入少量蒸馏水,观察沉淀是否会溶解。操作步骤如下示意,观察现象并分析原因。

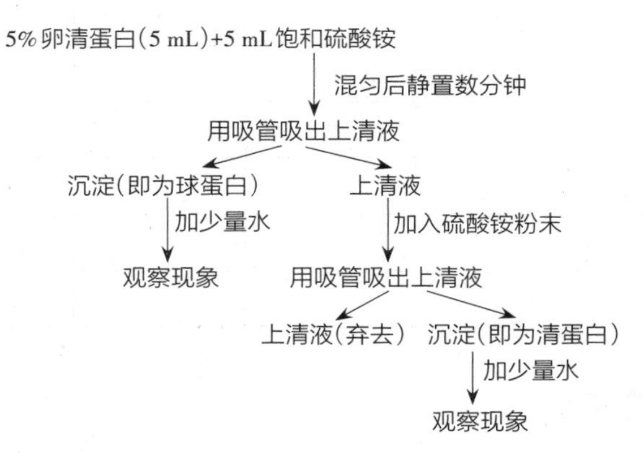

2. 重金属离子沉淀蛋白质

取4支试管,编号,按照表6-6添加试剂,观察现象并分析原因。

表6-6 重金属离子沉淀蛋白质实验

试剂		管号			
		1	2	3	4
蛋白质样液/mL		2	2	2	2
0.01% NaOH /mL		—	1	—	—
10% HAc/mL		1	—	1	1
金属离子/滴	5% $CuSO_4$	1	1	—	—
	3% $AgNO_3$	—	—	1	1
现　象					
加 H_2O 是否溶解					
溶液的酸碱性		酸性	碱性	酸性	碱性
分析原因					

3. 加热沉淀蛋白质

取5支试管，编号，按照表6-7添加试剂，观察现象并分析原因。

表6-7 加热沉淀蛋白质实验

项目	管号				
	1	2	3	4	5
蛋白质样液/mL	1	1	1	1	1
10% HAc/滴	5	5	0	0	0
H_2O/滴	0	0	5	0	0
10% NaOH/滴	0	0	0	5	0
饱和 NaCl/滴	0	5	0	0	5
现象					
加 H_2O 是否溶解					
分析原因					

五、结果与分析

观察并描述各个实验现象，分析现象产生的原因。

思考题

1. 蛋白质沉淀的原理是什么？

2. 可逆沉淀与不可逆沉淀的本质区别是什么？如何利用可逆沉淀和不可逆沉淀？

实验6-6
蛋白质等电点的测定

一、实验目的

(1)了解蛋白质的两性解离性质。

(2)学习测定蛋白质等电点的一种方法。

二、实验原理

蛋白质是两性电解质。在蛋白质溶液中存在下列平衡：

$$\mathrm{R-\underset{\underset{\displaystyle NH_2}{|}}{\overset{\overset{\displaystyle COOH}{|}}{C}}H}$$

蛋白质分子

$$\rightleftharpoons$$

$$\mathrm{R-\underset{\underset{\displaystyle NH_3^+}{|}}{\overset{\overset{\displaystyle COOH}{|}}{C}}H} \underset{+H^+}{\overset{+OH^-}{\rightleftharpoons}} \mathrm{R-\underset{\underset{\displaystyle NH_3^+}{|}}{\overset{\overset{\displaystyle COO^-}{|}}{C}}H} \underset{+H^+}{\overset{+OH^-}{\rightleftharpoons}} \mathrm{R-\underset{\underset{\displaystyle NH_2}{|}}{\overset{\overset{\displaystyle COO^-}{|}}{C}}H}$$

阳离子	兼性离子	阴离子
$pH<pI$	$pH=pI$	$pH>pI$
电场中:移向阴极	不移动	移向阳极

其分子中所含的自由氨基和羧基均可能解离。当溶液的pH大于蛋白质的等电点,氨基的解离受到抑制而羧基的解离度增大,此时蛋白质分子为带负电荷的阴离子。反之,当溶液的pH小于蛋白质等电点时,羧基的解离受到抑制而氨基的解离增加,从而使蛋白质分子带正电荷。

蛋白质分子的解离状态和解离程度受溶液的酸碱度影响。当溶液的pH达到一定数值时,蛋白质颗粒上正负电荷的数目相等,在电场中,蛋白质既不向阴极移动,也不向阳极移动,此时溶液的pH称为此种蛋白质的等电点。不同蛋白质各有其等电点。在等电点时，蛋白质的理化性质都有变化，可利用此种性质的变化测定各种蛋白质的等电点。最常用的方法是测其溶解度最低时的溶液pH。

本实验观察在不同pH溶液中的溶解度以测定酪蛋白的等电点。用醋酸与醋酸钠（醋酸钠混合在酪蛋白溶液中）配制成各种不同pH的缓冲液。向缓冲溶液中加入酪蛋白后，沉淀出现最多的缓冲液的pH即为酪蛋白的等电点。

三、实验用品

1. 实验试剂

（1）0.5%酪蛋白醋酸钠溶液：取纯酪蛋白（干酪素）0.05 g加蒸馏水20 mL及1 mol/L NaOH溶液5 mL，混合使之溶解，再加1 mol/L HAc溶液5 mL，定容至50 mL即可。

（2）1.00 mol/L醋酸溶液。

（3）0.10 mol/L醋酸溶液。

（4）0.01 mol/L醋酸溶液。

2. 实验器材

水浴锅、温度计、200 mL锥形瓶、5 mL移液枪、1 mL移液枪、200 μL移液枪、100 mL容量瓶、吸管、试管、试管架等。

四、实验内容

（1）取同样规格的试管5支，按表6-8精确地加入各试剂，混匀。1~5管的pH依次为5.9、5.3、4.7、4.1、3.5。

表6-8　不同pH缓冲液的配制

编号	试剂				pH
	蒸馏水/mL	0.01 $mol \cdot L^{-1}$醋酸/mL	0.1 $mol \cdot L^{-1}$醋酸/mL	1.0 $mol \cdot L^{-1}$醋酸/mL	
1	4.19	0.31	—	—	5.9
2	4.37	—	0.13	—	5.3
3	4.0	—	0.5	—	4.7
4	2.5	—	2.0	—	4.1
5	3.7	—	—	0.8	3.5

(2) 向以上试管中各加酪蛋白的醋酸钠溶液1 mL,加一管,摇匀一管,观察其浑浊度。静置10 min,再观察其浑浊度。沉淀最多的一管对应的pH即为酪蛋白的等电点。

五、结果与分析

根据实验结果,判断酪蛋白的等电点。

思考题

1. 蛋白质在等电点的时候溶解度最低的原因是什么?
2. 如何利用蛋白质在等电点溶解度最低这一性质?

实验6-7
酪蛋白的制备

一、实验目的

学习从牛乳中制备酪蛋白的原理和方法。

二、实验原理

牛乳中主要的蛋白质是酪蛋白，含量一般为35 g/L。酪蛋白是一些含磷蛋白质的混合物，等电点为4.7。利用等电点时溶解度最低的原理，将牛乳的pH调至4.7时，酪蛋白就可以沉淀下来。用乙醇洗涤沉淀物，除去脂类杂质后便可得到纯度较高的酪蛋白。

三、实验用品

1. 实验材料和试剂

（1）市售牛奶。

（2）0.2 mol/L pH4.7醋酸-醋酸钠缓冲液：

A液：0.2 mol/L醋酸钠溶液，称取$NaAc \cdot 3H_2O$ 54.44 g定容至2000 mL。

B液：0.2 mol/L醋酸溶液，称取纯醋酸（含量大于99.8%）12.0 g定容至1000 mL。

取A液1770 mL，B液1230 mL混合即得pH4.7的醋酸-醋酸钠缓冲液3000 mL。

（3）95%乙醇。

（4）无水乙醚。

（5）乙醇-乙醚混合液：乙醇：乙醚=1：1（v/v）

2. 实验器材

离心机、抽滤装置、精密pH试纸或酸度计、水浴锅、烧杯、温度计等。

四、实验内容

(1)将100 mL牛奶加热至40 ℃。在搅拌下慢慢加入预热至40 ℃ pH4.7的醋酸缓冲溶液100 mL。用精密pH试纸或酸度计调pH至4.7。将上述悬浮液冷却至室温,离心15 min(3000 r/min),弃去上清液,得酪蛋白粗制品。

(2)用水洗沉淀2次,离心10 min(3000 r/min),弃去上清液。

(3)在沉淀中加入30 mL乙醇,搅拌片刻,将全部悬浊液转移至布氏漏斗中抽滤。用乙醇-乙醚混合液洗沉淀2次。最后用乙醚洗沉淀2次,抽干。

(4)将沉淀摊开在表面皿上,风干;得到酪蛋白样品。

【注意事项】

在使用布氏漏斗过程中,需要将沉淀在洗涤液中充分搅拌并分散,才能得到较好的洗涤效果。

五、结果与分析

将得到的酪蛋白准确称重,计算含量和得率。

酪蛋白测得含量:纯化得到的酪蛋白质量(g)/100 mL

$$酪蛋白得率 = \frac{测得含量}{理论含量} \times 100\%$$

式中,理论含量为3.5 g/100 mL牛乳或者以牛奶外包装上的标准为准。

1. 制备高产率纯酪蛋白的关键是什么?
2. 本次实验所用洗涤液的极性顺序是什么?为什么要采取这种顺序?

实验6-8 双缩脲法测定蛋白质的含量

一、实验目的

(1)掌握双缩脲法定量测定蛋白质含量的原理和方法。

(2)学习使用分光光度计。

二、实验原理

尿素在180 ℃条件下脱氨生成双缩脲:

$$2\,\mathrm{C(=O)(NH_2)_2} \xrightarrow{180\ ^\circ\mathrm{C}} \mathrm{H_2N{-}C(=O){-}NH{-}C(=O){-}NH_2} + \mathrm{NH_3}\uparrow$$

在碱性溶液中双缩脲与Cu^{2+}作用形成稳定的紫红色络合物,称为双缩脲反应。蛋白质中的肽键实际上就是酰胺键。凡是具有两个或两个以上的酰胺键,或通过甲叉相连的寡肽、多肽及蛋白质等,都有双缩脲反应。当Cu^{2+}与蛋白质作用时,存在着严格的定量关系,即一个Cu^{2+}与四个肽键的N原子络合,络合物溶液颜色的深浅与蛋白质含量成正比,而与蛋白质的氨基酸组成及分子量无关,故可用比色法测定蛋白质的含量。

三、实验用品

1.实验试剂

(1)双缩脲试剂:$CuSO_4 \cdot 5H_2O$ 1.5 g,酒石酸钾钠($NaKC_4H_4O_6 \cdot 4H_2O$)6.0 g,加

500 mL蒸馏水溶解，边搅拌边加300 mL 10% NaOH，用水定容至1000 mL。该试剂用聚苯乙烯瓶可长期保存，为了增加试剂的贮藏性，可加入0.1%的碘化钾，此时兼有防止析出铜的还原作用。

（2）蛋白质标准溶液：牛血清白蛋白（10 mg/mL）溶液。

2. 实验器材

试管，分光光度计，洗瓶等。

四、实验内容

1. 制作标准曲线

取6支试管，按表6-9加入试剂。

表6-9　双缩脲法测定蛋白质含量标准曲线制作

试剂	管号					
	1	2	3	4	5	6
标准酪蛋白溶液/mL	0	0.4	0.8	1.2	1.6	2.0
蒸馏水/mL	2.0	1.6	1.2	0.8	0.4	0
双缩脲/mL	3	3	3	3	3	3
蛋白质浓度/$mg \cdot mL^{-1}$	0	0.8	1.6	2.4	3.2	4
OD_{540}						

上述各管试剂混匀后，室内温静止20~30 min后于540 nm处测定吸光度，以第一管作为空白对照管。以蛋白质浓度为横坐标，OD值为纵坐标，作蛋白质与OD的标准曲线图。

2. 未知浓度酪蛋白样品的测定

取未知浓度样品1 mL，加水补至2 mL，再加3 mL双缩脲试剂，混匀后，静止20~30 min，于540 nm处比色。根据蛋白质与OD值标准曲线图，计算样品中酪蛋白的含量。

【注意事项】

1. 样品蛋白质溶液的吸光度值应该在标曲线范围内。

2. 双缩脲反应应于显色后30 min左右比色测定，各管由显色到比色所放置的时间尽量保持一致。

五、结果与分析

根据实验结果绘制标准曲线，并根据未知浓度样品的吸光度，计算出未知浓度样品的浓度。

蛋白质的定量分析是蛋白质构造分析的基础，也是农副产品品质分析、食品营养价值比较、生化育种、临床诊断等的重要手段。现有的多种蛋白质定量法，都是根据蛋白质分子的理化性质进行的。这些方法大体可分为利用蛋白质药共性(含氮量、肽键、折射率等)和利用蛋白质含有特定氨基酸残基(芳香族、酸性、碱性等)两类。

如果样品的吸光度超过了标准曲线的最大吸光度，该怎么办?

实验6-9
紫外吸收法测定蛋白质的含量

一、实验目的

(1)掌握紫外分光光度法测定蛋白质含量的原理和操作。

(2)了解紫外分光光度计的原理及使用方法。

二、实验原理

由于蛋白质分子结构中含有芳香族氨基酸(如色氨酸、苯丙氨酸和酪氨酸)残基,因此在280 nm处有最大光吸收,且280 nm的吸收值与蛋白质溶液的浓度成正比,可用于蛋白质的定量测定。

紫外吸收法测定蛋白质的含量具有迅速、简单,不消耗样品,低浓度盐类不干扰测定等优点,因此在蛋白质和酶的生化制备中广泛应用,特别是在柱层析分离中,利用280 nm进行紫外检测来判断蛋白质吸附或洗脱情况是最常用的方法。

三、实验用品

1. 实验试剂

(1)标准蛋白质溶液:准确称取经凯氏定氮法校正的蛋白质(酪蛋白或牛血清白蛋白),用蒸馏水精确稀释成1 mg/mL的浓度。

(2)样品液:浓度为1 mg/mL左右的酪蛋白或者牛血清白蛋白溶液。

2. 实验器材

紫外分光光度计、试管、吸管。

四、实验内容

1.标准曲线的绘制

取五支试管编号，按表6-10加下各试剂：

表6-10　紫外吸收法测定蛋白质含量标准曲线制作

试剂	管号				
	1	2	3	4	5
标准蛋白质溶液/mL	0	1.0	2.0	3.0	4.0
蒸馏水/mL	4.0	3.0	2.0	1.0	0
蛋白质浓度/$mg \cdot mL^{-1}$	0	0.25	0.5	0.75	1.0

试剂加完后混匀，在紫外分光光度计上于280 nm处测定其OD值，作OD值-蛋白质浓度曲线。

2.样品测定

取待测蛋白质样品2.0 mL，加蒸馏水2.0 mL，混匀后波长280 nm处测OD值，从标准曲线上查其浓度。

【注意事项】

1. 对于测定那些与标准蛋白中酪氨酸和色氨酸含量差异较大的蛋白质，有一定误差，故该法适于测定与标准蛋白质氨基酸组成相似的蛋白质。

2. 核酸在280 nm处也有吸收，对蛋白质的测定有干扰作用，但核酸的最大吸收峰在260 nm处，如同时测定260 nm处的吸收值，通过计算就可以消除其对蛋白质测定的影响。但因不同的蛋白质和核酸的紫外吸收是不相同的，虽然经过计算校正，测定结果还存在着一定的误差。

3. 样品需要溶解后在溶液透明的状态下进行测定，若蛋白质样品不溶解会对入射光产生反射、散射等而造成试剂吸光度偏高。

五、结果与分析

测定并记录标准蛋白质溶液和未知蛋白质样品在280 nm处的吸光度，并根据实际情况采用坐标纸绘制标准曲线或者用线性回归计算并绘制标准曲线。

表6-11　结果记录表

项目	管号					样品管
	1	2	3	4	5	
蛋白质浓度/$mg \cdot mL^{-1}$	0	0.25	0.5	0.75	1.0	未知
$A_{280\ nm}$						

思考题

1. 紫外吸收法测定蛋白质浓度有何优缺点?

2. 紫外吸收法测定蛋白质浓度可能存在哪些干扰因素,如何对实验结果进行校正?

实验6-10
考马斯亮蓝法测定蛋白质含量

一、实验目的

（1）掌握考马斯亮蓝染色法定量测定蛋白质含量的原理与方法。

（2）熟练分光光度计的使用和操作方法。

二、实验原理

考马斯亮蓝G-250测定蛋白质含量属于染料结合法的一种，它与蛋白质的疏水微区相结合，这种结合具有高敏感性。它在酸性溶液中呈棕红色，最大光吸收峰在465 nm，当它与蛋白质结合形成复合物时，其最大吸收峰变为595 nm。考马斯亮蓝G-250-蛋白质复合物呈蓝色，在一定范围内，595 nm下光密度与蛋白质含量呈线性关系，故可以用于蛋白质含量的测定。考马斯亮蓝结合法是近年来发展起来的蛋白质定量测定法，具有操作方便、快速、干扰因素少的特点。

常见蛋白质含量测定的方法如下（表6-12）。

现有的多种蛋白质定量法，主要根据蛋白质分子的理化性质进行的。这些方法大体可分为利用蛋白质共性（含氮量、肽键、折射率等）和利用蛋白质含有特定氨基酸残基（芳香族、酸性、碱性等）两类。

表6-12　常见的测定蛋白质定量的方法

方法	灵敏度	时间	原理	干扰物质	说明
凯氏定氮法（Kjedahl法）	灵敏度低，适用于0.2~1.0 mg氮，误差为±2%	费时8~10 h	将蛋白氮转化为氨，用酸吸收后滴定	非蛋白氮（可用三氯乙酸沉淀蛋白质而分离）	用于标准蛋白质含量的准确测定；干扰少；费时太长

（续表）

方法	灵敏度	时间	原理	干扰物质	说明
双缩脲法（Biuret法）	灵敏度低 1~20 mg	中速 20~30 min	多肽键+碱性Cu^{2+}，紫色络合物	硫酸铵；Tris缓冲液；某些氨基酸	用于快速测定，但不太灵敏；不同蛋白质显色相似
紫外吸收法	较为灵敏 50~100 mg	快速 5~10 min	蛋白质中的酪氨酸和色氨酸残基在280 nm处的光吸收	各种嘌呤和嘧啶；各种核苷酸	用于层析柱流出液的检测；核酸的吸收可以校正
Folin－酚试剂法（Lowry法）	灵敏度高 ≈5 mg	慢速 40~60 min	双缩脲反应；磷钼酸－磷钨酸试剂被Tyr和Phe还原	硫酸铵；Tris缓冲液；甘氨酸；各种硫醇	耗费时间长；操作要严格计时；颜色深浅随不同蛋白质变化
考马斯亮蓝法（Bradford法）	灵敏度最高 1~5 mg	快速 5~15 min	考马斯亮蓝染料与蛋白质结合时，其最大吸收由465 nm变为595 nm	强碱性缓冲液；TritonX-100；SDS	干扰物质少；颜色稳定；颜色深浅随不同蛋白质变化
BCA蛋白质定量检测	灵敏度高，最小检测量达0.5 mg	快速 45 min	碱性条件下，蛋白将Cu^{2+}还原为Cu^{+}，Cu^{+}与BCA试剂形成紫颜色的络合物，测定其在562 nm的吸收值，并与标准曲线对比，即可计算待测蛋白的浓度。	不受样品中离子型和非离子型去污剂影响	此方法被广泛选用，操作简便、快速、准确，试剂稳定性好，抗干扰能力强；检测不同蛋白质分子的变异系数远小于考马斯亮蓝

三、实验用品

1.试剂

（1）0.1 mg/mL标准牛血清白蛋白溶液：称取10 mg结晶牛血清白蛋白定容于100 mL容量瓶。

（2）待测浓度的牛血清白蛋白溶液：配制约0.05~0.1 mg/mL的待测样品液。

（3）染液：考马斯亮蓝G-250 0.5 g，溶于250 mL 95%乙醇，再加入500 mL 85%（w/v）磷酸，保存于棕色瓶中，称为母液。取150 mL母液然后加蒸馏水定容到1000 mL，保存于棕色瓶中，备用。

2.器材

试管、分光光度计等。

四、实验内容

1.标准曲线的制备

取6支试管，按表6-13加入试剂。

以各管相应标准蛋白质含量（mg）为横坐标、A_{595}为纵坐标，绘制标准曲线。

表6-13　考马斯亮蓝测定蛋白质浓度的标准曲线制作

项目	管号					
	0	1	2	3	4	5
1 mg/mL标准蛋白溶液/mL	0	0.2	0.4	0.6	0.8	1.0
ddH_2O/mL	1.0	0.8	0.6	0.4	0.2	0
考马斯亮蓝试剂/mL	4.0	4.0	4.0	4.0	4.0	4.0
摇匀，放置5 min，测吸光度值						
蛋白质浓度/$\mu g \cdot mL^{-1}$	0	20	40	60	80	100
$A_{595\ nm}$						

2. 待测样品测定

试管中加蛋白质样品1.0 mL，再加入4.0 mL考马斯亮蓝G-250试剂，摇匀，放置5 min后，测定在595 nm波长下吸光度值，记录A_{595}。根据所测A_{595}从标准曲线上查得蛋白质含量，并计算蛋白样品的浓度（μg /mL）。

五、结果与分析

根据测定的实验结果，以A_{595}值为纵坐标，标准蛋白含量（mg）为横坐标，用铅笔绘制标准曲线，根据所描点的分布情况，作直线，该线表示实验点的平均变动情况，因此该线不需全部通过各点，但应尽量使未经过线上的实验点均匀分布在标准曲线两侧。

根据未知样品溶液的吸光度值，在绘制好的标准曲线图中查出样品溶液中的蛋白质含量，得出每毫升待测样品蛋白质的浓度（mg/mL）。

思考题

1. 蛋白质含量的测定还有哪些方法?

2. 绘制标准曲线有哪些要点?

3. 影响标准曲线的因素有哪些?

实验6-11
BCA法测定蛋白质浓度

一、实验目的

（1）掌握BCA法测定蛋白质浓度的原理。

（2）掌握酶标仪的使用方法。

二、实验原理

碱性条件下，蛋白将Cu^{2+}还原为Cu^{+}，Cu^{+}与BCA试剂形成紫色的络合物，测定其在562 nm处的吸收值，并与标准曲线对比，即可计算待测蛋白的浓度。

目前通过酶标仪最常用的蛋白浓度检测方法是BCA蛋白定量试剂盒（BCA Protein Assay Kit）和Bradford蛋白定量试剂盒（Bradford Protein Assay Kit）。与传统方法相比，BCA法具有简单、稳定、灵敏的特点，不受大部分样本中其他成分的影响；对于5%以内的SDS、Triton X-100、Tween 20、Tween 80具有很好的兼容性。但是BCA法测定蛋白浓度易受螯合剂、高浓度的还原剂影响。

本实验采用商业化的BCA蛋白定量试剂盒进行操作。

三、实验用品

1. 实验试剂

（1）BCA蛋白定量试剂盒成分（表6-14）。

表6-14　BCA蛋白定量试剂盒

试剂名称及编号	500Test（500次）	储存条件
试剂（A）：BCA试剂A	100 mL	室温避光
试剂（B）：BCA试剂B	2 mL	室温避光
试剂（C）：1 mg/mL蛋白标准（BSA）	20 mg	室温

(2)待测牛血清白蛋白样品:0.5~1 mg/mL。

2. 实验器材

酶标仪,96孔酶标板,恒温箱,1.5 mL离心管,移液枪(1~10 μL、20~200 μL、100~1000 μL)等。

四、实验内容

(1) 根据样品数量,按照试剂(A):试剂(B)=50:1的体积比配制BCA工作液,充分混匀,即获得BCA工作液。BCA工作液室温24 h内稳定。

(2)将标准品按0 μL、1 μL、2 μL、4 μL、8 μL、12 μL、16 μL、20 μL加到96孔板,加稀释液补足至20 μL。每个样品孔重复三次。

(3)加10 μL待测蛋白样本到96孔板的样品孔中,加稀释液补足至20 μL。如果标准品稀释液与溶解待测蛋白样本的溶液不同,应在待测蛋白样本孔中加入稀释液;如果标准品稀释液与溶解待测蛋白样本的溶液相同,无须在待测蛋白样本孔中加入稀释液。

(4)各孔加入200 μL配制好的BCA工作液,37 ℃放置30 min。

(5)用酶标仪测定562 nm波长处的吸光度(OD值),如无562 nm,540~595 nm之间的波长也可。

(6)各孔OD值减去用未加标准品的孔的OD值,作出标准曲线,根据标准曲线计算出样品的蛋白浓度。

【注意事项】

1. 蛋白标准(BSA)粉末溶解于蛋白标准配制液后,即获得蛋白标准原液,该原液中含有防腐剂,不影响后续检测,该蛋白标准原液可于−20 ℃长期保存。

2. 待测蛋白溶解于什么样的稀释液中,蛋白标准也宜溶解于什么样的稀释液中,否则待测蛋白与蛋白标准中所含非蛋白成分不一致,有可能导致测定不准确。

3. 待测蛋白和蛋白标准加入BCA工作液后,如果发现检测效果不佳,可以室温放置2 h或60 ℃放置30 min,颜色会随着时间的延长不断加深。显色反应也会随温度升高而加快。如果浓度较低,可以适当延长孵育时间或在较高温度下孵育。

4. 测定标准曲线时发现随着标准品浓度的增加吸光度或颜色没有明显变化,可能的原因是样品中含有严重干扰BCA法测定蛋白浓度的物质。

5. 建议每次测定时都做标准曲线。因为BCA法测定时颜色会随着时间的延长不断加深，并且显色反应的速度和温度有关，所以除非精确控制显色反应的时间和温度，否则如需精确测定宜每次都做标准曲线。

6. 如果没有酶标仪，也可以使用普通的分光光度计测定，但应考虑根据比色皿的最小检测体积。应按比例适当加大BCA工作液的用量使总体积不小于最小检测体积，样品和标准品的用量亦相应按比例放大。使用分光光度计测定蛋白浓度时，每个试剂盒可以测定的样品数量可能会显著减少。

7. BCA法检测中样本中不应含有EDTA，否则影响检测结果。为了加快BCA法测定蛋白浓度的速度可以适当用微波炉加热，但是切勿过热。蛋白标准粉末于4 ℃保存，但蛋白标准配制成溶液后于−20 ℃冻存。

五、结果与分析

记录实验数据（表6-15），以蛋白质含量（μg）为横坐标，A_{562}吸光度为纵坐标作出标准曲线（线性回归），并求出未知浓度蛋白质的含量。

表6-15　BCA法测定蛋白质浓度实验记录表

样品、标准品的浓度/mg·mL^{-1}	吸光度		
0			
1			
2			
4			
8			
12			
16			
20			
牛血清白蛋白			

思考题

1. BCA试剂的主要成分是什么?

2. BCA法的优缺点分别是什么?

实验6-12
凯氏定氮法测定蛋白质的含量

一、实验目的

掌握凯氏定氮法的基本原理和实验操作方法。

二、实验原理

凯氏定氮法是分析有机化合物含氮量的常用方法。蛋白质是一类复杂的含氮化合物，每种蛋白质都有其恒定的含氮量(约在14%~18%，平均为16%，质量分数)。凯氏定氮法测定出的含氮量，再乘以系数6.25，即为蛋白质含量。

其反应过程分为以下几个步骤。

1. 硝化

首先将含氮有机物与浓硫酸共热，经一系列的分解、碳化和氧化还原反应等复杂过程，最后有机氮转变为无机氮硫酸铵，这一过程称为有机物的硝化。为了加速和完全有机物质的分解，缩短硝化时间，在硝化时通常加入催化剂。可用的催化剂种类很多，如硫酸铜、氧化汞、汞、硒粉、钼酸钠等，但考虑到效果、价格及环境污染等多种因素，应用最广泛的是硫酸铜。

2. 蒸馏

硝化完成后，将硝化液转入凯氏定氮仪反应室，加入过量的浓氢氧化钠，将NH_4^+转变成NH_3，通过蒸馏把NH_3驱入过量的硼酸溶液接受瓶内，硼酸接受氨后，形成四硼酸铵。

3. 滴定

形成的四硼酸铵可用标准盐酸滴定，直到硼酸溶液恢复原来的氢离子浓度。滴定消耗的标准盐酸的量(mol)即为NH_3的量(mol),通过计算即可得出总氮量。在滴定过程中,滴定终点采用甲基红-次甲基蓝混合指示剂颜色变化来判定。测定出的含氮量是样品的总氮量,其中包括有机氮和无机氮。

以蛋白质为例,反应式如下:

$$\text{硝化:蛋白质}+H_2SO_4 \longrightarrow (NH_4)_2SO_4+SO_2\uparrow+CO_2\uparrow+H_2O$$

$$\text{蒸馏:}(NH_4)_2SO_4+2NaOH \longrightarrow Na_2SO_4+2H_2O+2NH_3\uparrow$$

$$2NH_3+4H_3BO_3 \longrightarrow (NH_4)_2B_4O_7+5H_2O$$

$$\text{滴定:}(NH_4)_2B_4O_7+2HCl+5H_2O \longrightarrow 2NH_4Cl+4H_3BO_3$$

三、实验用品

1. 实验材料和试剂

(1)待测蛋白样品。

(2)粉末硫酸钾-硫酸铜混合物:K_2SO_4与$Cu_2SO_4\cdot 5H_2O$以3∶1配比研磨混匀。

(3)浓硫酸。

(4)混合指示剂:50 mL 0.1%甲烯蓝乙醇溶液与200 mL 0.1%甲基红乙醇溶液临用时混合,储于棕色试剂瓶中,这种指示剂酸性时为紫红色,碱性时为绿色,变色范围很窄且灵敏。

(5)40%NaOH。

(6)0.01 mol标准HCl溶液。

(7)2%硼酸。

2. 实验器材

凯氏定氮仪(硝化炉、蒸馏仪)一套,硝化管4支,10 mL滴定管,150 mL锥形瓶5个,100 mL容量瓶2个等。

四、实验内容

1. 硝化

(1)准备2个硝化管,标号。2号管作为空白对照,向1号硝化管中加入100 mg牛血清白蛋白,再分别向1、2号管依次加入混合催化剂(无水硫酸钾∶硫酸铜=3∶1)1.0 g,

硫酸10 mL。

(2)将加好试剂的硝化管放置硝化炉上，接好抽气装置。先用微火(200 ℃)加热煮沸，此时管内物质炭化变黑，并产生大量泡沫，务必注意防止气泡冲出管口。待泡沫消失停止产生后，加大火力(400 ℃)，保持管内液体微沸，至溶液澄清，再继续加热使硝化液微沸15 min，以保证样品完全硝化，整个过程大约2~3 h。硝化时放出的气体内含SO_2，具有强烈刺激性，因此自始至终应打开抽水泵将气体抽入自来水排出。整个硝化过程均应在通风橱中进行。硝化完全后，关闭火焰，使硝化管冷却至室温。冷却后，分别将1、2号管的硝化液用100 mL容量瓶定容。

2. 蒸馏和吸收

蒸馏和吸收是在微量凯氏定氮仪内进行的。凯氏定氮蒸馏装置种类甚多，大体上都由蒸汽发生、氨的蒸馏和氨的吸收三部分组成。

(1)仪器的洗涤。

仪器安装前，各部件需经一般方法洗涤干净，所用橡皮管、塞须浸在10% NaOH溶液中，煮约10 min，水洗、水煮10 min，再水洗数次，然后安装并固定在一只铁架台上。

仪器使用前，微量全部管道都须经水蒸气洗涤，以除去管道内可能残留的氨，正在使用的仪器，每次测样前，蒸汽洗涤5 min即可。较长时间未使用的仪器，重复蒸汽洗涤，不得少于三次，并检查仪器是否正常。仔细检查各个连接处，保证不漏气。

首先在蒸汽发生器(硝化管)加2/3体积蒸馏水，加入数滴硫酸使其保持酸性，以避免水中的氨被蒸出而影响结果。打开蒸汽开关，连续蒸煮5 min，进行管道冲洗，如此清洗2~3次，再在冷凝管下换放一个盛有硼酸-指示剂混合液的锥形瓶使冷凝管下口完全浸没在溶液中，蒸馏1~2 min，观察锥形瓶内的溶液是否变色。如不变色，表示蒸馏装置内部已洗干净。移去锥形瓶，再蒸馏1~2 min，用蒸馏水冲洗冷凝器下口，关闭蒸汽开关，仪器即可供测样品使用。

(2)样品的蒸馏吸收。

由于定氮操作繁琐，为了熟悉蒸馏和滴定的操作技术，初学者宜先用无机氮标准样品进行反复练习，再进行有机氮未知样品的测定。可用已知浓度的标准硫酸铵测试三次。

取洁净的150 mL锥形瓶五支，依次加入定容后的硝化液2 mL，2%硼酸溶液5 mL，次甲基蓝-甲基红混合指示剂(呈紫红色)3~4滴，盖好瓶口待用。取其中一支锥形瓶承接在冷凝管下端，并使冷凝管的出口浸没在溶液中。准确吸取2 mL硝化液加到硝化管中，将硝化管放在蒸馏的一侧，然后通过NaOH泵和H_2O泵向硝化管中泵入10 mL 40% NaOH溶液和5 mL蒸馏水，打开蒸汽开关，进行蒸馏。锥形瓶中的硼酸-指示剂混合液由于吸收了氨，由紫红色变成绿色。自变色时起，再蒸馏1~2 min，移动锥形瓶使瓶内液面离开冷凝管下口约1cm，并用少量蒸馏水冲洗冷凝管下口，再继续蒸馏1 min，移开锥形瓶，盖好，准备滴定。

在一次蒸馏完毕后，即可进行下一个样品的蒸馏。按以上方法重复再做两次。

(3)空白的蒸馏吸收。

取定容后的空白液2 mL，用同样的方法进行蒸三次。

3. 滴定

样品和空白蒸馏完毕后，一起进行滴定。

打开接收瓶盖，用酸式微量滴定管以0.0100 mol/L的标准盐酸溶液进行滴定。待滴至瓶内溶液呈暗灰色时，用蒸馏水将锥形瓶内壁四周淋洗一次。若振摇后复现绿色，应再小心滴入标准盐酸溶液半滴，振摇观察瓶内溶液颜色变化，暗灰色在1~2 min内不变，当视为到达滴定终点。若呈粉红色，表明已超越滴定终点，可在已滴定耗用的标准盐酸溶液用量中减去0.02 mL，每组样品的定氮终点颜色必须完全一致。空白对照液接受瓶内的溶液颜色不变或略有变化尚未出现绿色，可以不滴定。记录每次滴定耗用标准盐酸溶液毫升数，供计算用。

五、结果与分析

根据下列公式计算出每次无机氮标准样品和未知样品的总含氮量。

$$W_N(\text{mg/mL}) = \frac{0.0100 \times (A - B) \times 14.008}{C}$$

式中，W_N——每毫升样品的含氮毫克数；

A——滴定样品消耗的盐酸量(mL)；

B——滴定空白消耗的盐酸量(mL)；

C——测定样品所取用量(mL)；

0.0100——标准盐酸物质的量浓度(mol/L)；

14.008——每摩尔氮原子质量(g/mol)。

三次样品测定的含氮量相对误差应小于±2%。

若测定的样品含氮部分只有蛋白质时,则

样品中蛋白质的含量(%)=总氮量×6.25

若样品中除有蛋白质外,还含有其他非蛋白含氮物质,则需向样品加入三氯乙酸,测定未加入三氯乙酸样品和加三氯乙酸后上清液中的含氮量,得到总氮和非蛋白氮,从而计算出蛋白氮。

蛋白氮=总氮-非蛋白氮

蛋白质的含量(%)=蛋白氮×6.25

6.25为含氮量换算为蛋白质含量的系数。这个系数来自蛋白质平均含氮量为16%,实际上各种蛋白质因氨基酸组成不同,含氮量不完全相同。

思考题

1. 硝化时,加入硫酸钾、硫酸铜混合物的作用是什么?
2. 凯氏定氮法测定蛋白氮有什么特点和意义?

实验6-13
血清蛋白的醋酸纤维薄膜电泳

一、实验目的

学习醋酸纤维薄膜电泳的操作，了解电泳技术的一般原理。

二、实验原理

在外电场的作用下，带电颗粒将向着与其电性相反的电极移动，这种现象称为电泳。蛋白质是两性电解质，当溶液 $pH<pI$ 时带正电荷，$pH>pI$ 时带负电荷。由于不同蛋白质的分子量不同，所带的电荷不同，因而在电场中移动的速度也不相同，通过电泳就可以将分子大小不同的蛋白质分开。

蛋白质电泳方法主要有：(1)自由界面电泳(将蛋白质溶于缓冲液中进行电泳)；(2)区带电泳(将蛋白质溶液点在浸含有缓冲液的支持物上进行的电泳)。区带电泳又可根据支持物的性质进行分类：纸电泳，薄膜电泳(醋酸纤维薄膜和聚酰胺薄膜)，凝胶电泳(琼脂糖凝胶、聚丙烯酰胺凝胶等)，粉末电泳(淀粉、纤维素粉或硅胶粉等)，细丝电泳(尼龙丝和其他人造丝电泳)。

醋酸纤维薄膜由醋酸纤维素制成(醋酸纤维素是纤维素的羟基乙酰化而得，将其溶于有机溶剂如丙酮、氯仿、氯乙烯、醋酸乙酯等后，涂抹成均一薄膜，即为醋酸纤维素薄膜)，它具有均一的泡沫样结构，厚度仅120 μm，有强渗透性，对分子移动无阻力，作为区带电泳的支持物进行蛋白电泳有简便、快速、样品用量少、应用范围广、分离清晰、没有吸附现象等优点。目前已广泛用于血清蛋白、脂蛋白、血红蛋白、糖蛋白和同工酶的分离及用在免疫电泳中。

血清中含有数种不同的蛋白质，血清中含有多种蛋白质：有四种球蛋白即 α_1 球蛋白、α_2 球蛋白、β球蛋白、γ球蛋白；一种清蛋白。由于它们的分子量各异，所带电荷不等，因而在电场中移动速度各不相同，可以利用醋酸纤维薄膜作为支持物进行电泳将它们分开。血清中清蛋白和球蛋白分子量和等电点见表6-16。

表6-16　血清中清蛋白和球蛋白分子量和等电点

血清组分	清蛋白	α_1球蛋白	α_2球蛋白	β球蛋白	γ球蛋白
分子量	69000	200000	300000	9万~15万	15.6万
pI	4.64	5.06	5.06	5.12	6.35~7.30

本实验电泳所用的缓冲溶液是硼酸缓冲液（pH8.6），因此各种蛋白质带负电荷，在电场中向正极移动。

三、实验用品

1. 实验材料和试剂

（1）胎牛血清或健康人血清。

（2）pH8.6 硼酸缓冲液：硼酸 6.70 g 和硼砂（十水硼酸钠）13.4 g 溶解并定容到 1000 mL 水中。

（3）0.5% 氨基黑染色液：将氨基黑 10B 0.5g，溶解在 100 mL 的甲醇：冰醋酸：水=50：10：40 的溶剂系统中（可重复作用）。

（4）漂洗液：甲醇或乙醇：冰醋酸：水=45：5：50 的比例混匀。

（5）透明液：无水乙醇：冰醋酸=7：3。

2. 实验器材

醋酸纤维薄膜（2 cm×8 cm）、常压电泳仪、点样器、培养皿（染色及漂洗用）、粗滤纸 、玻璃板、竹镊。

四、实验内容

1. 浸泡

用镊子取醋酸纤维薄膜 1 张（识别出光泽面与无光泽面，并在角上用笔做上记号）放在硼酸缓冲液中浸泡 20 min。

2. 点样

把膜条从缓冲液中取出，夹在两层粗滤纸内吸干多余的液体，然后平铺在玻璃板上(无光泽面朝上),将点样器先在血清样品中蘸一下,再在膜条一端2~3 cm处轻轻地水平落下并随即提起,这样即在膜条上点上了细条状的血清样品。

3.电泳

在电泳槽内加入缓冲液,使两个电极槽内的液面等高,将膜条平悬于电泳槽支架的滤纸桥上。先剪裁尺寸合适的滤纸条,取双层滤纸条附着在电泳槽的支架上,使它的一端与支架的前沿对齐,而另一端浸入电极槽的缓冲液内。用缓冲液将滤纸全部润湿并驱除气泡,使滤纸紧贴在支架上,即为滤纸桥(联系醋酸纤维薄膜和两极缓冲液之间的“桥梁”)。粗糙面朝下,膜条上点样的一端靠近负极,盖严电泳室,通电。

(1)稳流15 min:0.3 mA/cm,每一膜条的电流为2×0.3=0.6 mA;总电流为:膜条数×0.6 mA。

(2)稳压25 min:电压160 V,电流强度0.4~0.6 mA/cm。待电泳区带展开25~35 mm后关闭电源。

4.染色

电泳完毕后将膜条取下并放在染色液中浸泡10 min。

5.漂洗

将膜条从染色液中取出后转移到漂洗液中漂洗数次至无蛋白区底色脱净为止,可得色带清晰的电泳图谱。

五、结果与分析

观察膜条的结果,根据清蛋白和球蛋白的分子量和等电点信息,分析每个条带对应的蛋白质。

1. 用醋酸纤维薄膜做电泳支持物有什么优点?
2. 电泳图谱清晰的关键是什么?如何正确操作?

实验6-14
SDS-PAGE测定蛋白质的分子量

一、实验目的

(1) 掌握SDS-PAGE测定蛋白质分子量的原理。

(2) 熟练垂直板电泳的操作方法。

二、实验原理

带电质点在电场中向带有异相电荷的电极移动的现象被称为电泳。根据分离原理不同,可将其分为移动界面电泳、稳态电泳和区带电泳三种类型,其中区带电泳按支持物的物理性状不同,又可分为纸和其他纤维膜电泳、粉末电泳、丝线电泳与凝胶电泳,而现在则以琼脂糖凝胶和聚丙烯酰胺(PAGE)应用最多。聚丙烯酰胺凝胶电泳之所以能够将不同的大分子化合物分开,是因为这些大分子化合物所带电荷的差异和分子量不同,如果将电荷差异这一因素除去或减小到可以忽略不计的程度,这些化合物在凝胶上的迁移率则完全取决于它们的分子量。

十二烷基硫酸钠(SDS)是一种常用的阴离子去垢剂,具有较强还原性,能断裂分子内和分子间氢键,破坏蛋白质的二级和三级结构,还能使半胱氨酸之间的二硫键断裂。在一定浓度的SDS溶液中,蛋白质分子能够与SDS结合成带负电荷的SDS-蛋白质复合物。由于SDS所带负电荷远远超过了蛋白质分子的原有电荷,也就消除或降低了各种蛋白质之间原有的电荷差异,这样就使蛋白质的电泳迁移率完全只取决于其分子大小这一因素。当蛋白质分子量在15 k~200 kD之间时,其迁移率和分子量的对数呈线性关系,符合下式:

$$\lg M_r = K - bx$$

式中:M_r为蛋白质分子量,K为常数,b为斜率,x为迁移率。

若将已知分子量的标准蛋白质在SDS-PAGE中的电泳迁移率对其分子量对数作图，可获得一条标准曲线，而将未知蛋白质在相同条件下进行电泳，则可根据其迁移率在标准曲线上求得分子量。

SDS-PAGE可用圆盘电泳，也可用垂直板电泳，本实验用目前常用的垂直板电泳，样品起点一致，便于比较。

三、实验用品

1. 实验材料

低分子量标准蛋白质，待测蛋白质样品。

2. 试剂

(1)分离胶缓冲液(1.5 mol/L Tris-HCl，pH8.8)：取18.15 g Tris加入约80 mL ddH_2O，用1 mol/L HCl调pH到8.8，用ddH_2O定容至100 mL，4 ℃贮存。

(2)浓缩胶缓冲液(0.5 mol/L Tris-HCl，pH6.8)：取6.0 g Tris加入约60 mL ddH_2O，用1 mol/L HCl调pH到6.8，用ddH_2O定容至100 mL，4 ℃贮存。

(3)凝胶贮液：称取29.2 g丙烯酰胺和0.8 g亚甲基双丙烯酰胺，用ddH_2O溶解并定容至100 mL，过滤后置于棕色试剂瓶，4 ℃可保存一个月。

(4)10% SDS溶液：室温保存(低温易结晶，用前需完全溶解)。

(5)TEMED：避光保存。

(6)10% 过硫酸铵：现用现配。

(7)电泳缓冲液(Tris-甘氨酸，pH8.3)：称取Tris3.0 g，甘氨酸14.4 g，SDS 1.0 g，用ddH_2O定容至1 L，4 ℃贮存。

(8)1.5% 琼脂：1.5 g琼脂粉加100 mL ddH_2O，加热至沸腾，未凝固前使用。

(9)蛋白样品溶解液：用来溶解标准蛋白质及待测蛋白样品，具体配方参照表6-17。

表6-17 蛋白样品溶解液

还原缓冲液(2×)		非还原缓冲液(2×)	
0.5 mol/L Tris-HCl，pH6.8	2.5 mL	0.5 mol/L Tris-HCl，pH6.8	2.5 mL
甘油	2.0 mL	甘油	2.0 mL
10% SDS(m/v)	4.0 mL	10%SDS(m/v)	4.0 mL

（续表）

还原缓冲液（2×）		非还原缓冲液（2×）	
0.1%溴酚蓝（w/v）	0.5 mL	0.1%溴酚蓝（w/v）	0.5 mL
β-巯基乙醇	1.0 mL	ddH_2O	1.0 mL
总体积	10.0 mL	总体积	10.0 mL

（10）低分子量的标准蛋白质：开封后按照说明溶于200 μL ddH_2O中，加入200 μL的还原样品缓冲液（2×），分装成20个小管，-20 ℃贮存。用前沸水煮沸5~8 min左右。

（11）染色液：0.25 g考马斯亮蓝R-250，加入9 mL 50%甲醇溶液和9 mL冰乙酸即可。

（12）脱色液：75 mL冰乙酸，875 mL ddH_2O与50 mL甲醇混匀。

3. 器材

垂直板电泳装置，直流稳压电源，不同规格移液器，滤纸，大培养皿，烧杯，吸管，直尺等。

四、实验内容

1. 电泳槽的安装

将胶条、玻璃板、槽子清洗干净，充分晾干；整个安装过程勿用手接触灌胶面的玻璃；用吸管吸取1.5%的琼脂胶趁热灌注于预先安装好的电泳槽平板玻璃的底部，待琼脂胶凝固，得以封住缝隙防漏。

2. 凝胶的配制

（1）分离胶的选择：根据蛋白质的不同分子量选用不同浓度的分离胶。具体参照表6-18。

表6-18　分离胶浓度的选择

蛋白质分子量范围	$<10^4$	$1\times10^4\sim4\times10^4$	$4\times10^4\sim1\times10^5$	$1\times10^5\sim5\times10^5$	$>5\times10^5$
分离胶浓度	20% ~ 30%	15% ~20%	10% ~15%	5% ~ 10%	2% ~ 5%

（2）分离胶的配制：不同浓度的分离胶的配制参照表6-19。

表6-19 不同浓度分离胶的配制

试剂	分离胶浓度				
	20%	15%	12%	10%	7.5%
ddH_2O/mL	0.75	2.35	3.35	4.05	4.85
1.5 mol/L Tris-HCl（pH8.8）/mL	2.5	2.5	2.5	2.5	2.5
10% SDS/mL	0.1	0.1	0.1	0.1	0.1
凝胶贮液/mL	6.6	5.0	4.0	3.3	2.5
10%过硫酸铵/ μL	50	50	50	50	50
TEMED/ μL	5	5	5	5	5
总体积/mL	10	10	10	10	10

结合实际情况，本实验选用12%分离胶。在配制过程中，按照表中顺序依次加入试剂至干净烧杯中。在加入TEMED后，应立即混匀混合液，然后用滴管吸取混合液，沿着玻璃板地一端向其间小心灌注。流出2.5 cm左右的空间以灌注浓缩胶。用1 mL移液器缓慢地在分离胶混合液面上滴灌形成一层ddH_2O（此过程避免气泡产生），在水平台上室温静置0.5~1 h，待分离胶聚合完全后，去除上层ddH_2O，并用滤纸条尽可能吸尽残余ddH_2O。

（3）浓缩胶的配制：一般用3%的浓缩胶，具体配方如下。于烧杯中依次加入3.12 mL ddH_2O，1.25 mL 0.5 mol/L pH6.8 Tris-HCl，0.05 mL 10% SDS，0.6 mL凝胶贮液，25 μL 10%过硫酸铵，最后加入5 μL TEMED后立即混匀，灌注在分离胶上，小心插入梳子以免带入气泡，室温静置约30~40 min待浓缩胶完全聚合。

3.样品制备

（1）标准蛋白质样品的制备：取出一预先分装20 μL低分子量标准蛋白质的小管，放入沸水浴中加热5 min，取出冷却至室温备用。

（2）待测蛋白质样品制备：将待测样品浓度调至0.5~1.0 mg/mL，然后分别加入等体积还原蛋白样品溶解液和非还原蛋白样品溶解液，然后转移到带塞小管中，轻轻盖上盖子，在沸水浴中加热5 min，取出冷却至室温备用。

4.点样与电泳

（1）待浓缩胶完全聚合后，小心拔出梳齿，用电极缓冲液洗涤加样孔数次，然后在电泳槽中加入电极缓冲液,使液面没过短玻璃板。

(2)用50 μL移液器按编号向加样孔内分别上样20 μL。

(3)接上电泳仪,打开电泳仪电源开关,调节电流至20~30 mA并保持电流恒定。待蓝色溴酚蓝条带迁移至距离凝胶下端约1 cm时,停止电泳。

5.染色和脱色

(1)染色:电泳结束后,小心撬开玻璃板,待凝胶板做好标记后放在大培养皿中,加入染色液,染色1 h左右。

(2)脱色:染色后的凝胶板用蒸馏水漂洗数次,再用脱色液脱色,数小时更换一次脱色液,直至凝胶背景接近无色即可。

五、实验结果

用直尺分别量出标准蛋白质、待测蛋白质区带中心,以及指示剂前沿距分离胶顶端的距离,按下式计算相对迁移率:

相对迁移率 = 样品迁移距离(cm)/溴酚蓝迁移距离(cm)

以标准蛋白质M_r的对数对相对迁移率作图,得到标准曲线。根据待测蛋白质样品的相对迁移率,从标准曲线上查处其分子量。

【注意事项】

1. SDS与蛋白质的结合按质量成比例(SDS:蛋白质=1.4:1),蛋白质含量不可超标,否则SDS结合量不足。

2. 有些蛋白质由多个亚基(如血红蛋白)或两条以上肽链(α-胰凝乳蛋白酶)组成,它们在还原型样品缓冲液中会解离成亚基或多条肽链。因此,此时SDS-PAGE凝胶电泳法测定的是这类蛋白各亚基或单条肽链的分子量。

3. 如果电泳中出现拖尾、染色带的背景不清楚等现象，可能是SDS不纯引起的。

思考题

1. 在不连续体系SDS-PAGE中，当分离胶加完后，需在其上加一层水，为什么？

2. 样品溶解液中各种试剂的作用是什么？

3. 在不连续体系SDS-PAGE中，分离胶与浓缩胶中均含有TEMED和AP，述其作用？

4. 是否所有的蛋白质都能用SDS-凝胶电泳法测定其分子量？为什么？

实验6-15
Western Blotting蛋白免疫印迹

一、实验目的

(1)掌握Western Blotting的基本原理。

(2)熟练Western Blotting的基本操作方法。

二、实验原理

印迹法(Blotting)是指将样品转移到固相载体上,而后利用相应的探测反应来检测样品的一种方法。1975年,Southern建立了将DNA转移到硝酸纤维素膜(NC膜)上,并利用DNA—RNA杂交检测特定的DNA片段的方法,称为Southern印迹法。而后人用类似的方法,对RNA和蛋白质进行印迹分析,对RNA的印迹分析称为Northern印迹法,对双向电泳后蛋白质分子的印迹分析称为Eastern印迹法,对单向电泳后的蛋白质分子的印迹分析称为Western印迹法。

Western印迹法(Western Blotting),简称WB,主要包括蛋白质电泳、转膜、检测三个过程,大致如下:将经过PAGE分离的蛋白质样品,转移到固相载体(例如硝酸纤维素薄膜)上,固相载体以非共价键形式吸附蛋白质,且能保持电泳分离的多肽类型及其生物学活性不变。以固相载体上的蛋白质或多肽作为抗原,与对应的抗体起免疫反应,再与酶或同位素标记的第二抗体起反应,经过底物显色或放射自显影以检测电泳分离的特异性目的基因表达的蛋白成分。该技术也广泛应用于检测蛋白水平的表达。

三、实验用品

1. 实验材料

接种烟草花叶病毒(TMV-GFP)的本生烟材料。

2. 试剂

(1)SDS-PAGE所需部分试剂参照实验9。

(2)蛋白提取缓冲液：50 mmol/L Tris-HCl (pH 6.8)，4% SDS，6% β-巯基乙醇，4 mol/L 尿素，10%~20% 甘油。

(3)转膜缓冲液：39 mmol/L 甘氨酸，48 mmol/L Tris，0.037% SDS，20% 甲醇。(提前配制，注意甲醛先不加，先将其他配好的溶液搅拌，在开始转膜时，再将甲醛加进去搅拌)

(4)含5%(w/v)脱脂奶粉的TBST封闭液：2.5 g脱脂奶粉，50 mL PBS，NaN_3(终浓度0.02%)。现用现配。

(5)显色液：30 mL碱性磷酸酶缓冲液(100 mmol/L Tris-Cl，100 mmol/L NaCl，5 mol/L $MgCl_2$)，99 μL BCIP，198 μL NBT。其中NBT溶液制备：称取0.5 g的NBT粉末溶于10 mL 70%的二甲基甲酰胺溶液中，-20 ℃冰箱避光保存；BCIP溶液制备：称取0.5 g BCIP粉末溶于10 mL 100%的二甲基甲酰胺溶液中，-20 ℃冰箱保存。

(6)抗体：一抗为商业化的烟草花叶病毒的外壳蛋白(CP)一抗或者绿色荧光蛋白(GFP)一抗；二抗为碱性磷酸酶标记耦联的山羊抗兔IgG(1∶1000)。

3. 器材

SDS-PAGE所需部分器材参照实验9，硝酸纤维素薄膜(NC膜)，滤纸，电泳转移槽及相关配件等。

四、实验内容

1. 样品准备

(1)称取0.5 g预先接种了TMV-GFP的本生烟材料置于已灭菌的研钵中，加入液氮迅速研磨。

(2)将研磨后的粉末样品加入到2 mL的离心管中，然后加入蛋白提取缓冲液，在漩涡振荡器上充分振荡混匀。

(3)80 ℃条件下水浴30 min。

(4)8000 rpm条件下离心10 min。

(5)吸取离心后的上清液,上清液即为总蛋白,-20 ℃保存。

2. SDS-PAGE电泳

参照实验6-14分别配制分离胶和浓缩胶,待凝胶充分聚合后上样,具体操作如下。

(1)电泳前将蛋白样品用还原蛋白溶解液(参照实验6-14)进行处理,充分混匀后在沸水中煮5~8 min;

(2)待冷却后,将蛋白样品用移液器加入到胶孔中后,放入电泳槽中,然后向电泳槽中加入电泳缓冲液;

(3)将电泳槽放置于4 ℃的冰箱中进行电泳。

3. 转膜

当SDS-PAGE电泳完成后,接下来就是将蛋白样品从凝胶上转移到硝酸纤维素薄膜上。具体操作方法如下:

(1)首先裁剪与分离胶等大的NC膜和6张滤纸(6.5 cm×8 cm)。注意:剪去膜的一角标记膜的左右方向,再于剪角处标记,用以区别膜的正反面;

(2)将剪好的NC膜置于甲醇溶液中10 s,再将NC膜和6张滤纸全部置于转膜缓冲液中浸泡备用;

(3)取出PAGE胶,观察marker各条带位置,用以判断样品的大致位置,切除多余部分,将PAGE胶置于转膜缓冲液中;

(4)将垂直电泳夹板黑色面朝下,在其上以“三明治”方式依次铺垫棉垫、滤纸PAGE胶、NC膜(标记的正面朝PAGE胶)、滤纸、棉垫,之后扣紧夹板;

(5)将夹板黑色面朝槽内黑色壁端放置,电泳槽置于冰中(或4 ℃冰箱)以降低转膜过程中产生的热度,60 V恒压转膜2 h(选择恒压或者恒流以及电泳的时间则依据目的蛋白的大小而定)。

4. 丽春红染色

为了鉴定是否转膜成功或者作为免疫印迹结果的对照,可将转膜后的NC膜用丽春红染色。将NC膜置于洁净容器中,倒入丽春红染色液,水平摇床轻摇5 min左右,用ddH_2O清洗1~2遍，直至NC膜无条带部分呈白色，观察结果并照相保存。

为了验证胶上的蛋白是否全部转移到膜上，可在转膜后染胶。

5. 抗体孵育

(1)转膜完成的NC膜(可见marker条带)置于培养皿中，用5%(w/v)脱脂奶粉的TBST封闭液进行封闭，室温条件下摇1 h，倒掉封闭液；

(2)将NC膜用一抗孵育，室温摇3~4 h。本实验所用一抗为商业化的烟草花叶病毒的外壳蛋白(CP)抗兔一抗或者绿色荧光蛋白(GFP)抗兔一抗；

(3)待一抗结合完成后，回收一抗；

(4)用TBST洗涤NC膜3次，每次10 min；

(5)将NC膜与二抗温育2 h，回收二抗。二抗为碱性磷酸酶标记耦联的山羊抗兔IgG(1∶1000)；

(6)用TBST洗涤NC膜3次，每次10 min。

五、实验结果

最后用配制的显色液进行避光显色。当目的条带出现后，立即用蒸馏水洗膜，终止反应。并立即拍照，保存结果。

【注意事项】

1. 转膜时，滤纸、胶、膜面积的大小顺序一般为滤纸≥膜≥胶。

2. 制作“三明治”时，确保滤纸、胶、膜之间千万不能有气泡。

3. 滤纸可以重复利用，上层滤纸(靠膜)内吸附有很多转移透过的蛋白质，所以上下滤纸一定不能弄混，在不能分辨的情况下，可以将靠胶滤纸换新的。

4. 当进行接触滤纸、凝胶和膜的操作时，一定要带无粉末的手套，因为手上的油脂会阻断蛋白质转移。

思考题

1. 为何要先将NC膜用甲醇浸润？

2. 不加封闭液会有什么后果？

实验6-16
细胞色素C的分离纯化

一、实验目的

(1)了解细胞色素C的基本性质并掌握其提取和分离原理。

(2)掌握蛋白质分离纯化的基本过程。

(3)理解和掌握离子交换层析的基本原理和操作方法。

(4)学习分析蛋白质分离纯化过程中各步骤的可行性。

二、实验原理

细胞色素C(Cytochrome c)是一种含铁卟啉的结合蛋白质,作为电子传递体在生物氧化过程中起着重要作用。天然细胞色素C属于较小球形结合蛋白质,分子量约13000,蛋白质部分由104个左右的氨基酸残基组成;由于其赖氨酸含量较高而偏碱性,等电点约10.7,易溶于水及酸性溶液,且较为稳定不易变性。细胞色素C在心肌组织中含量丰富,将其破碎后用酸性水溶液可以提取其中的细胞色素C。提取物中的细胞色素C以氧化型和还原型两种形式存在,前者水溶液呈深红色,后者水溶液呈桃红色。实验中制备的细胞色素C为还原型和氧化型的混合物,测定含量时需加入$Na_2S_2O_4 \cdot 2H_2O$,将混合物中的氧化型细胞色素C还原为还原型细胞色素C,其水溶液在波长520 nm处有最大吸收值,配制不同浓度的细胞色素C标准品,对浓度和对应的光吸收值作图绘制标准曲线,根据所测溶液的光吸收值和标准曲线回归方程可求出所测样品的含量。

细胞色素C溶液用于多种组织缺氧急救的辅助治疗,但过敏发生率通常与其纯度有关,层析纯化是提高细胞色素C产品纯度的有效途径。离子交换层析是蛋白质纯化的常用方法之一,其原理是先用蛋白质偶极离子置换不溶性填料基质官能团上的平衡离子(如Cl^-或Na^+),然后蛋白质本身又随着平衡离子比例的增加而被置换下来。层析分离一般通过增加洗脱液中的离子浓度来实现,比如用递增的盐浓度梯度进行洗脱;也可以采用pH梯度使被吸附的蛋白质表面的净电荷减少而洗脱。在特定的缓冲液、pH和离子强度的初始条件下,可以控制待分离蛋白表面的净电荷与基质相互作用。因此,对于离子交换分离而言,所要考虑的最重要因素是离子交换介质和初始条件的选择。根据所带电荷的不同,离子交换剂分为阳离子交换剂和阴离子交换剂。阳离子交换剂是在不溶性载体上结合有酸性活性基团(如羧甲基或磺酸基),适用于分离带正电荷的蛋白质。类似地,阴离子交换剂如二乙氨乙基(DEAE)或季铵乙基(QAE)衍生的树脂,适用于分离带负电荷的蛋白质。

人造沸石是一种阳离子交换剂,在pH7.5时细胞色素C分子进入沸石表面空隙可与沸石分子上的Na^+发生交换而被吸附;由于硫酸铵可以降低沸石对细胞色素C的亲和力,所以使用25%的硫酸铵溶液洗脱又可以将细胞色素C从沸石–细胞色素C复合物上交换下来。收集的红色洗脱液(含细胞色素C)通过硫酸铵沉淀除去杂质蛋白,进一步用低浓度三氯乙酸(20%)沉淀析出红色的细胞色素C,溶解后经过透析除盐即可获得细胞色素C的粗制品。D–85大孔丙酸烯系弱酸性阳离子交换树脂作为固定相,其功能基团羧酸具有酸性电离基团,可交换阳离子;在离子交换过程中溶液中的细胞色素C带正电从溶液中扩散到交换树脂的表面,穿过表面后又扩散到交换树脂颗粒内,这些离子与交换树脂中的离子互相交换,交换出来的离子扩散到交换树脂表面外后扩散到溶液中。当用定浓度的洗脱液等度洗脱(或连续浓度的洗脱液线性洗脱)时,收集中段红色流出液透析后可获得较纯的细胞色素C制品溶液。

三、实验用品

1. 材料

新鲜猪心。

2. 试剂

(1)2 mol/L H_2SO_4溶液:量取108.7 mL 98%的H_2SO_4沿烧杯壁缓慢加入800 mL纯水中,冷却后加水定容至1 L。

(2)1 mol/L $NH_3·H_2O$:量取67.6 mL 28%的$NH_3·H_2O$加入800 mL纯水中混匀后加水定容至1 L。

(3)0.2% NaCl溶液。

(4)25% $(NH_4)_2SO_4$溶液。

(5)2%的$AgNO_3$溶液。

(6)$BaCl_2$试剂:称取12 g $BaCl_2$溶于少量蒸馏水中溶解后定容至100 mL。

(7)60 mmol/L Na_2HPO_4溶液:称取21.49 g $Na_2HPO_4 \cdot 12H_2O$溶解于纯水中定容至1 L,然后用其配制0.4 mol/L的NaCl。

(8)20%三氯乙酸(TCA)溶液。

(9)PEG20000。

(10)人造沸石($Na_2O \cdot Al_2O_3 \cdot xSiO_2 \cdot yH_2O$)。

(11)D-85大孔弱酸性阳离子交换树脂。

(12)$Na_2S_2O_4 \cdot 2H_2O$等。

3. 器材

普通天平,分析天平,722型风光光度计,绞肉机,磁力搅拌器,电动搅拌器,离心机,玻璃柱(2.5 cm×30 cm),烧杯,量筒,容量瓶,移液管,移液器,离心管(1.5 mL、50 mL、100 mL),玻璃搅棒,透析袋,棉花,Tip头,0.22 μm滤器等。

四、实验内容

(一)心肌细胞色素C的提取

(1)新鲜或冰冻猪心,除尽脂肪、血管和韧带,洗尽积血,切成小块,放入绞肉机中绞碎。

(2)称取心肌碎肉50 g,往100 mL烧杯中加100 mL蒸馏水,用电动搅拌器搅拌混匀,用2 mol/L H_2SO_4调pH至4.0,室温搅拌提取1 h以上,再用1 mol/L $NH_3 \cdot H_2O$调pH至6.0后,3500 rpm离心10 min收集提取液,沉淀加入75 mL蒸馏水,按上述条件重复提取1 h,两次提取液合并(为减少学时,可只提取一次)。

(3)用1 mol/L $NH_3 \cdot H_2O$将上述提取液调pH至7.2,静置5 min后3500 rpm离心10 min,上层红色液体转移至洁净的离心管中储存。

(二)细胞色素C粗制品的制备

(1)称取人造沸石3.5 g放入烧杯中,加水搅动并除去12 s内不下沉的细颗粒;在干净的玻璃柱（或大体积注射器针筒）底部垫少许棉花，下端连接乳胶管并用夹子夹住，向柱内加蒸馏水至2/3体积，然后将预处理好的人造沸石装填入柱。

（2）装柱完毕后打开柱下端夹子排水至柱内沸石面上剩下一薄层水，用移液管或移液器吸取中和好的提取液沿柱壁缓慢上样至柱内进行吸附，流出液的速度约为5 mL/min。随着细胞色素C被吸附，人造沸石逐渐由白色变为红色，流出液应为淡黄色或微红色。

（3）吸附完毕后将红色人造沸石倒入烧杯中，用蒸馏水洗涤至水清后用20 mL 0.2% NaCl溶液洗涤沸石，再用蒸馏水洗至水清，重新装柱（也可在柱内用同样方法洗涤沸石）。然后用25%硫酸铵溶液洗脱，流速控制在2 mL/min以下，收集红色洗脱液。

（4）为了进一步提纯细胞色素C，在洗脱液中继续缓慢加入固体硫酸铵，边加边搅拌使其浓度达到45%，静置30 min以上（最好过夜）沉淀析出杂蛋白，2500 rpm低速离心收集红色透亮的细胞色素C滤液。

（5）搅拌条件下，每100 mL细胞色素C溶液加入20%的三氯乙酸2.5~5.0 mL沉淀析出细胞色素C，立即以3000 rpm离心15 min弃上清液收集红色的细胞色素C沉淀（如上清液带红色，再加入适量三氯乙酸，重复离心收集）。

（6）将细胞色素C沉淀溶解于少量蒸馏水后，装入透析袋，放进500 mL烧杯中（用电磁搅拌器搅拌），对蒸馏水透析，30 min换水一次，换水3~4次后，取2~3滴透析外液加入盛有2 mL $BaCl_2$试剂的试管检测SO_4^{2-}是否除净。将透析液过滤即获得清亮的细胞色素C粗品溶液（必要时可在透析袋外表覆一层聚乙二醇吸水浓缩样品）。

（三）细胞色素C的纯化

1. 离子交换树脂吸附

经预处理的D-85大孔弱酸性阳离子交换树脂装入吸附柱，将粗品液缓慢倒入吸附柱，树脂呈酱红色，吸附完毕后用少量蒸馏水洗涤。将柱子里上部分浅色层树脂（含较多杂蛋白）取出单独处理，其余酱红色树脂倾出，用水洗涤3次以除去吸附杂质，直至水变清为止。

2. 洗脱与收集

将以上洗涤好的树脂再次装入柱内，用无热源的蒸馏水洗脱后，再用新配制的NaCl（0.4 mol/L）-Na_2HPO_4（60 mmol/L）洗脱，流出液变红时开始分段收集。前段颜色较浅，中段为深红色，后段颜色变浅。前段和后段含杂质较多，合并透析后重新吸附精制。

3. 透析除盐

中段洗脱液（可以合并前段和后段重新过柱洗脱收集的红色洗脱液）装入透析袋用去离子水透析（用电磁搅拌器搅拌），每50~60 min换水1次，透析至用$AgNO_3$检测Cl^-无白色沉淀产生。透析液过滤即为细胞色素C精品液。

（四）细胞色素C含量测定

1. 标准曲线绘制

取1 mL标准品用水稀释至25 mL，从中依次取0.2、0.4、0.6、0.8和1.0 mL，分别加入5支试管中，每管补加蒸馏水至4 mL，并加少许联二亚硫酸钠作还原剂后依次测定520 nm的吸光度，以上述经稀释25倍标准样品的毫升数或计算得到的浓度值（mg/mL）为横坐标，A值为纵坐标，绘制标准曲线并求出回归方程。

2. 样品浓度测定

取细胞色素C提取液、粗制品和精制品各1 mL，按上述方法分别测得A_{520}数值（可适当调节浓度使A值在0.2~0.8范围）。根据标准品回归方程计算各样品液的浓度和细胞色素C的总量。

【要点提示】

1. 心脏组织在切块、绞碎前尽量去除脂肪、血管、韧带和积血等非心肌组织。

2. 细胞色素C要在酸性条件提取，提取液中和后上样要注意调节pH。

3. 盐析时应缓慢加入固体硫酸铵，边加边搅拌，切忌一次性快速加入。

4. 逐滴加入三氯乙酸沉淀细胞色素C时需要边加边搅匀，避免局部浓度过高导致细胞色素C变性，沉淀完毕尽快离心。

5. 沸石和丙酸烯系弱酸性阳离子交换树脂柱层析，在装柱时柱床中应排除气泡，细胞色素C样品上样吸附、洗脱应严格掌握流速。

6. 为了方便计算细胞色素C提取液、粗制品和精制品的浓度和含量，实验过程中务必记录好相应的样品体积。

【注意事项】

1. 使用浓硫酸时当心浓硫酸腐蚀，用浓硫酸配制硫酸溶液时应将浓硫酸沿器壁缓慢加入水中，边加边搅拌，切忌将水加到浓硫酸中！

2. 使用过的沸石先用自来水洗去硫酸铵，再用0.2~0.3 mol/L NaOH和1 mol/L NaCl混合液洗涤至沸石呈白色，最后用蒸馏水复洗至pH7~8，再生完毕适当干燥后保存再使用。

3. 丙酸烯系弱酸性阳离子交换树脂，使用后应按说明书操作再生保存。

五、实验结果

绘制标准曲线并求出回归方程。根据标准品回归方程计算各样品液的浓度和细胞色素C的总量，评价分离纯化的效果。

思考题

1. 细胞色素C提取过程中为什么要用硫酸调节pH至4.0，而在人造沸石吸附层析上样前为什么又要用氨水调节pH至7.2，能否用NaOH调节pH至中性，为什么？

2. 以细胞色素C的分离纯化为例，试总结蛋白质制备的步骤和方法。

3. 请列举至少两种检测通过人造沸石吸附层析、离子交换层析所分离纯化制备细胞色素C纯度的实验方法。

第七章

核酸化学

实验7-1
定磷法测定核酸含量

一、实验目的

(1)掌握定磷法测定核酸含量的原理与方法。

(2)熟练分光光度计的使用和操作。

二、实验原理

核酸分子中含有一定比例的磷,RNA中含磷量约为9.0%,DNA中含磷量约为9.2%,因此通过测得核酸中磷的量即可求得核酸的量。用强酸使核酸分子中的有机磷消化成为无机磷,使之与钼酸铵结合成磷钼酸铵(黄色沉淀)。

$PO_4^{3-}+3NH_4^{+}+12MoO_4^{2-}+24H^{+}=(NH_4)_3PO_4\cdot 12\ MoO_3\cdot 6H_2O\downarrow$(黄色)$+6H_2O$

当有还原剂(抗坏血酸)存在时,Mo^{6+}被还原成Mo^{4+},此4价钼再与试剂中的其他MoO_4^{2-}结合成$Mo(MoO_4)_2$或Mo_3O_8而呈蓝色,称为钼蓝。在一定浓度范围内,蓝色的深浅和磷含量成正比,可用比色法测定。样品中如有无机磷,应将无机磷去除,否则结果偏高。

三、实验用品

1.实验材料

核酸样品(RNA或DNA)。

2.实验试剂

(1)标准磷溶液:将磷酸二氢钾于100 ℃烘至恒重,准确称取0.8775 g溶于少量蒸馏水中,转移至500 mL容量瓶中,加入5 mL 5 mol/L硫酸溶液及氯仿数滴,用蒸馏水稀释至刻度,此溶液每毫升含磷400 μg。临用时准确稀释20倍(20 μg/mL)。

(2)定磷试剂:

①17%硫酸:17 mL浓硫酸(密度1.84)缓缓加入到83 mL水中。

②2.5%钼酸铵溶液:2.5 g钼酸铵溶于100 mL水。

③10%抗坏血酸溶液:10 g抗坏血酸溶于100 mL水,装在棕色瓶中存放于冰箱,溶液呈淡黄色,如呈深黄甚至棕色即失效。

临用时将上述三种溶液与水按如下比例混合:17%硫酸:2.5%钼酸铵溶液:10%抗坏血酸溶液:水(v:v:v:v)=1:1:1:2。

3.器材

分析天平,台式离心机,恒温水浴锅,分光光度计,烘箱,容量瓶(50及100 mL),离心管,凯氏烧瓶,玻璃试管,吸量管。

四、实验步骤

1.磷标准曲线的绘制

取干试管9支,按表7-1编号及加入试剂。加毕摇匀,45 ℃水浴中保温10 min,冷却,660 nm测定吸光度。以磷含量为横坐标,吸光度为纵坐标作图。

表7-1　定磷法测定核酸含量标准曲线的制作

试剂	管号								
	0	1	2	3	4	5	6	7	8
标准磷溶液/mL	0	0.05	0.1	0.2	0.3	0.4	0.5	0.6	0.7
蒸馏水/mL	3.0	2.95	2.9	2.8	2.7	2.6	2.5	2.4	2.3
定磷试剂/mL	3.0	3.0	3.0	3.0	3.0	3.0	3.0	3.0	3.0
$A_{660\ nm}$									

2.总磷的测定

称取样品(粗核酸)0.1 g,用少量蒸馏水溶解(如不溶,可滴加5%氨水调pH至7.0),转移至50 mL容量瓶中,加水至刻度(此溶液含样品2 mg/mL)。

吸取上述样液1.0 mL,置于50 mL凯氏烧瓶中,加入3.0 mL浓硫酸及几粒玻璃珠,凯氏烧瓶中内插一小漏斗,放在通风橱内加热(168~200 ℃),硝化至黄褐色后冷却,加入2滴30% H_2O_2。继续加热硝化至透明,冷却。将硝化液移入100 mL容量瓶中,用少量水洗涤凯氏烧瓶两次，洗涤液一并倒入容量瓶，再加水至刻度，混匀后吸取3.0 mL置于试管中，加定磷试剂3.0 mL，45 ℃水浴保温10 min，测$A_{660\ nm}$。

3. 无机磷的测定

吸取样液（2 mg/mL）1.0 mL，置于100 mL容量瓶中，加水至刻度，混匀后吸取3.0 mL置试管中，加定磷试剂3.0 mL，45 ℃水浴保温10 min，测$A_{660\ nm}$。

五、结果与分析

按表7-2记录实验数据，用坐标纸或者Excel软件作图，绘制标准曲线并计算待测核酸样品的含量。

表7-2　定磷法测定核酸含量的实验结果

试剂	0	1	2	3	4	5	6	7	8	总磷	无机磷
标准磷溶液/mL	0	0.05	0.1	0.2	0.3	0.4	0.5	0.6	0.7	样品液3.0 mL	样品液3.0 mL
H_2O/mL	3	2.95	2.9	2.8	2.7	2.6	2.5	2.4	2.3		
定磷试剂/mL	3.0	3.0	3.0	3.0	3.0	3.0	3.0	3.0	3.0	3.0	3.0
A_{660}											

有机磷$A_{660\ nm}$=总磷$A_{660\ nm}$－无机磷$A_{660\ nm}$

由标准曲线查得有机磷的质量（μg），再根据测定时的取样毫升数，求得有机磷的质量浓度（μg/mL）。按照下式计算样品中核酸的质量分数。

$$w = \frac{CV \times 11}{m} \times 100\%$$

式中，w——核酸的质量分数（%）；

C——有机磷的质量浓度（μg/mL）；

V——样品总体积（mL）；

m——样品质量（μg）。

核酸的含磷量为9.0%左右，即1 μg磷相当于11 μg核酸。

【注意事项】

1. 试剂及所有器皿均需要清洁，不含磷。

2. 硝化溶液定容后务必上下颠倒混匀后再取样。

思考题

1. 采用定磷法测定样品的核酸含量，有何优点及缺点？

2. 若样品中含有核苷酸类杂质，应如何校正？

实验7-2
动物基因组DNA的提取

一、实验目的

(1)掌握动物基因组DNA提取的基本原理与实验技术。

(2)熟悉动物基因组DNA提取的实验操作步骤和注意事项。

二、实验原理

动物细胞的DNA是以染色体的形式存在于细胞核内,制备DNA的原则是既要将DNA与蛋白质、脂类和糖类等分离,又要保持DNA分子的完整。提取动物基因组DNA的一般过程是将分散好的组织细胞在含SDS(十二烷基硫酸钠)和蛋白酶K的溶液中消化分解,再用酚和氯仿/异戊醇抽提分离蛋白质,得到的DNA溶液经乙醇沉淀使DNA从溶液中析出。

在匀浆后提取DNA的反应体系中,SDS可破坏细胞膜、核膜,并使组织蛋白与DNA分离,EDTA则抑制细胞中DNase的活性;蛋白酶K能在SDS和EDTA(乙二胺四乙酸二钠)存在下保持很高的活性。蛋白酶K可将蛋白质降解成小肽或氨基酸,使DNA分子完整地分离出来。

用于精细PCR、Southern杂交和DNA文库构建的DNA则应进一步纯化。用RNase水解RNA,用酚-氯仿-异戊醇或氯仿-异戊醇抽提去蛋白杂质等,经乙醇沉淀后可获得较为纯净的总DNA,可用于PCR、Southern杂交、分子标记、DNA文库构建等。

三、实验用品

1.实验材料

新鲜或冰冻动物组织。

2.试剂

(1)细胞裂解缓冲液：100 mmol/L Tris(pH8.0)、500 mmol/L EDTA(pH 8.0)、20 mmol/L NaCl、10% SDS。

(2)蛋白酶K:称取20 mg蛋白酶K溶于1 mL灭菌的双蒸水中,-20 ℃备用。

(3)其他试剂:TE溶液、乙醇、异丙醇、氯仿、异戊醇、RNase A、Tris饱和酚等。

3.仪器耗材

玻璃匀浆器、离心机、水浴锅、冰箱、移液器、离心管、枪头等。

四、实验内容

1.核酸提取

(1)取新鲜或冰冻动物组织块100 mg,尽量剪碎。置于玻璃匀浆器中,加入1 mL的细胞裂解缓冲液匀浆至不见组织块;

(2)将匀浆液转入1.5 mL离心管中,加入蛋白酶K(500 μg/mL)20 μL,混匀。在65 ℃恒温水浴锅中水浴30 min,也可转入37 ℃水浴12~24 h,间歇振荡离心管数次;

(3)12000 g离心5 min,取上清液入另一离心管中;

(4)加入与(3)中上清液等量的酚:氯仿:异戊醇(25:24:1)混液振荡混匀乳化;

(5)12000 g离心5 min,取上清液入另一离心管中;

(6)加入与(5)中上清液等量的氯仿:异戊醇(24:1)混液振荡混匀乳化;

(7)12000 g离心5 min,取上清液入另一离心管中;

(8)加入与(7)中上清液等体积的已于-20 ℃预冷的异丙醇和1/10体积的3 mol/L NaAc,轻柔混匀,于-20 ℃冰箱中沉淀30 min;

(9)12000 g室温离心15 min,弃上清液;

(10)用700 μL 75%的乙醇洗2次,稍离心,吸净残余乙醇,室温放置10 min,使乙醇挥发完全;

(11)沉淀于室温或60 ℃以下的恒温箱中干燥片刻至刚出现半透明(无乙醇味);

(12)加1 μL RNase A和50 μL TE(pH8.0),混匀后置37 ℃水浴30~40 min;

(13)短暂离心后吸取上清到新管中,-20 ℃保存,用于PCR或其他分子实验。

2. 基因组 DNA 质量检测

(1)取5 μL DNA电泳检查DNA的质量；

(2)取2 μL DNA(可适度稀释)于微量核酸分光光度计上测定$A_{260\ nm}$及$A_{280\ nm}$，分析DNA的浓度和质量。

五、结果与分析

根据表7-3，利用微量核酸紫外分光度法检测和电泳结果分析提取DNA样品的含量和纯度。

表7-3　动物基因组DNA的提取的实验结果

检测波长	样品编号					
	1	2	3	3	4	5
$A_{260\ nm}$						
$A_{280\ nm}$						
分子量/bp						

【注意事项】

所有用品均需要高温高压处理以灭活残余的DNA酶，所有试剂均用灭菌双蒸水配置。可以采用大口滴管或吸头操作，以尽量减少打断DNA的可能性。

1. 根据电泳和微量核酸分光光度计检测结果对基因组DNA提取效果进行分析。
2. 你认为该如何防止DNA的降解？
3. 蛋白酶K和RNase A的作用是什么？

实验7-3
CTAB法提取植物组织样品中的DNA

一、实验目的

(1)掌握液氮速冻低温研磨植物组织材料的正确操作方法。

(2) 理解CTAB法提取基因组DNA的基本原理,明确其中各试剂的用途。

(3)掌握CTAB法提取基因组DNA的操作步骤。

(4)熟悉微量移液器、高速离心机等常规仪器、设备的正确使用方法。

二、实验原理

DNA作为遗传信息的主要载体,主要分布在高等生物的细胞核内,常与蛋白质形成复合物以核蛋白形式存在。DNA与蛋白质之间的相互作用力包括盐键、氢键和范德华力等,破坏或降低这些作用力可以将DNA与蛋白质分开。细胞破碎和裂解后,胞内的蛋白质、核酸(DNA和RNA)、糖类、脂类等物质被释放出来,所以DNA的提取和纯化就是要把DNA与提取混合物中的其他物质(包括细胞碎片)分离开,同时保证DNA不被降解和破坏,尽量保持其完整性。

植物基因组DNA提取时首先需要破碎细胞,由于植物细胞具有坚硬的细胞壁,通常采取研磨、热激和化学试剂处理联合作用,有时还会用到酶降解细胞壁辅助处理。基因组DNA提取方法按使用去污剂的不同,主要有CTAB法和SDS法。CTAB法是一种快速、简便、经典的DNA提取方法,常用于植物组织、真菌等真核生物的基因组DNA提取。十六烷基三甲基溴化胺(Cetyl trimethyl ammonium Bromide,CTAB)是一种阳离子去污剂,能与细胞膜上的蛋白质结合,在65 ℃高温下能有效裂解细胞膜并使核蛋白(DNP)解聚集,使基因组DNA游离出来。在高盐条件下CTAB与核酸结合形成可溶复合物,而多数杂质会在抽提液(苯酚:氯仿:异戊醇=25:24:1)中形成沉淀通过离心与含DNA的上清液(水相)分开。对于多酚含量较高的植物,可以在裂解液中加入终浓度0.1%~0.2%的聚乙烯吡咯烷酮(Polyvinyl pyrrolidone,PVP),因为PVP可与多酚形成不溶性的复合物,也能与多糖结合而被除去。当水相中加入高浓度的弱酸性盐溶液(如醋酸钠或醋酸钾)提供大量Na^+或K^+可以中和DNA分子所带的大量负电荷,同时加入一定量的冰冷乙醇或异丙醇时,它们可夺取DNA周围的水分子使DNA聚集沉淀,而CTAB溶解于乙醇或异丙醇中;通过离心或其他方式收集DNA后用70%乙醇漂洗DNA沉淀去除残留的有机溶剂和盐离子,适当风干后溶解于TE或去离子水中,即可获得较高质量的植物基因组DNA溶液。

三、实验用品

1. 材料

植物幼嫩组织(通常选用幼叶)。

2. 试剂

β-巯基乙醇,5 mol/L KAc,酚:氯仿:异戊醇(25:24:1),氯仿,75%乙醇,Tris-base,$EDTA-Na_2\cdot 2H_2O$,无水乙醇,异丙醇,NaOH,浓盐酸,琼脂糖,液氮等。

TE溶液:10 mmol/L pH 8.0 Tris-HCl、1 mmol/L pH 8.0 EDTA。

CTAB提取缓冲液:2% CTAB、100 mmol/L pH 8.0 Tris-HCl、20 mmol/L pH 8.0 EDTA、1.4 mol/L NaCl、0.2% PVP。

相关试剂配制方法如下:

(1)CTAB提取缓冲液:称取CTAB、NaCl和聚乙烯吡咯酮烷(PVP)各20.0 g、81.82 g和20.0 g溶于一定体积的去离子水中,然后加入1 mol/L pH 8.0 Tris-HCl、0.5 mol/L pH 8.0 EDTA各100 mL、40 mL,搅拌至固体完全溶解,最后定容到1 L转移到棕色试剂瓶保存备用。

(2)1 mol/L pH 8.0 Tris-HCl:称取121.1 g Tris碱溶于一定体积的去离子水中,然后加入约42 mL浓HCl(37.5%),搅拌至固体完全溶解冷却至室温,微调节pH至8.0并加去离子水定容到1 L。

(3)0.5 mol/L pH 8.0 EDTA:称取186.1 g $EDTA-Na_2\cdot 2H_2O$和20.0 g NaOH加一定体积的去离子水溶解,待块状NaOH溶解,仍有$EDTA-Na_2\cdot 2H_2O$颗粒时边加NaOH边搅拌至溶液透明,冷却至室温,调节pH至8.0并定容到1 L。

(4)pH8.0 TE溶液：量取1 mol/L Tris–HCl(pH8.0)、0.5 mol/L EDTA(pH8.0)各10 mL和2 mL混合后用去离子水定容至1 L，然后121 ℃、101 kPa灭菌20 min，冷却至室温后置于4 ℃冰箱保存备用。

3.器材

1.5 mL离心管(EP管)，PE手套，Tip头，液氮罐，研钵，双面板，微量移液器(10 μL、100 μL、200 μL和1000 μL)，烧杯，量筒，恒温水浴锅，制冰机，台式高速离心机，涡旋振荡器等。

四、实验内容

(1) CTAB提取缓冲液中按1∶50的比例加入β–巯基乙醇混匀，水浴锅中65 ℃预热。

(2)取0.5 g去叶脉的幼嫩植物叶片置于研钵中，加液氮冻脆研磨成粉末。

(3) 取约100 mg粉末转入1.5 mL离心管中迅速加入500 μL预热的CTAB提取液，涡旋振荡混匀后置65 ℃水浴30 min(中途每10 min摇动混匀2~3次)。

(4)水浴完毕后加入100 μL 5 mol/L KAc冰浴20 min后加入等体积的酚∶氯仿∶异戊醇(25∶24∶1)混匀乳化后静置10 min。

(5)将上述液体13000 g离心5 min，小心将上清液取至另一新离心管中。

(6)加入等体积的氯仿颠倒离心管使溶液混匀，静置5 min后13000 g离心5 min。

(7)轻轻地吸取上清至另一离心管中，加入2/3体积预冷的异丙醇，颠倒混匀至白色的DNA絮状物析出。

(8)10000 g离心1 min后倒尽液体，加入500 μL 70%乙醇漂洗后，弃上清并重复用70%乙醇漂洗1次。

(9)10000 g离心1 min后弃上清，加500 μL无水乙醇漂洗后弃上清，用移液器小心取出残留的乙醇溶液，将盛有DNA沉淀的离心管倒扣在吸水纸上。

(10) DNA沉淀自然风干5 min后加入50~100 μL TE溶解沉淀，于–20 ℃保存备用。

【注意事项】

1.样品研磨一定要充分，取样不宜过多(通常100 mg样品加500 μL提取液)，否则细胞破碎和裂解不完全会降低DNA得率。

2. 研钵里盛液氮研磨样品时应先用杵碾压组织，待液氮挥发干的瞬间用力握住杵在研钵底与壁交界处作圆周运动快速研磨，然后迅速加液氮重复研磨一次，避免样品解冻成糨糊状。

3. 使用CTAB提取液之前添加2%的β-巯基乙醇，并置于65 ℃预热后使用。因为CTAB溶液在低于15 ℃时会析出沉淀，将其加入液氮研磨后的样品中，样品温度会骤降；此外，离心环境温度不宜低于15 ℃。

4. 除了在抽提液中加入EDTA抑制DNA酶的活性外，研磨叶片的操作应迅速，以免组织解冻，导致细胞裂解释放出DNA酶使DNA降解。此外，TE溶解样品可增加DNA的稳定性，便于长期保存。

5. 提取过程中，防止过酸或过碱以及其他化学因素使DNA发生化学降解，通常取pH8. 0左右为宜。

6. DNA分子特别大，在细管中急速流动时，机械张力剪切会使DNA断裂。所以在抽提过程中可以将Tip头剪成斜口吸取，操作过程尽量简便、温和，也不要剧烈摇动。

7. 倾倒液氮和研磨时当心冻伤，切忌手上有水(滴)操作!

8. 研磨植物组织时研钵中液氮过多时请勿研磨，避免液氮飞溅冻伤他人和自己。

9. 氯仿可使蛋白质变性并有助于液相与有机相的分开，异戊醇可以消除抽提过程中的泡沫。酚和氯仿具有很强的腐蚀性，操作时应戴手套，配制时需在通风橱中操作。

五、结果与分析

(1)DNA提取过程中，观察乙醇或异丙醇沉淀后是否有白色絮状物产生？若白色絮状物不明显，可以通过离心后再观察离心管底部是否有乳白色的沉淀?

(2)注意观察乙醇漂洗后风干的白色沉淀是否完全溶解在TE缓冲液或超纯水中，并分析其原因。

(3)提取DNA的质量可以通过琼脂糖凝胶电泳后经染色观察凝胶图谱并进行分析，同时亦可以通过超微量分光光度计(核酸蛋白测定仪)测定DNA样品的浓度和纯度。

思考题

1. 请列举至少2种提取植物DNA的方法，并概括总结它们基本原理。
2. 请分析CTAB法提取植物基因组过程中使用的各种化学试剂（8种以上）的主要用途是什么？

实验7-4
样品中DNA的电泳检测及浓度测定（微量法）

一、实验目的

（1）掌握DNA电泳检测的原理与方法。

（2）掌握紫外分光光度法测定DNA浓度的原理及方法。

二、实验原理

琼脂糖是从海藻产物琼脂中提取出来的一种线性多糖聚合物，基本结构是1，3连结的β-*D*-半乳糖和1，4连结的3，6-内醚-*L*-半乳糖交替连接起来的长链高聚物。它具有亲水性且不含带电荷基团，是一种很好的电泳支持介质。当加入电泳缓冲液，经加热熔化后再冷却凝固时，琼脂糖以分子内和分子间的氢键形成多孔性交联结构——琼脂糖凝胶，其孔径大小与凝胶中琼脂糖的浓度有关。

琼脂糖在DNA电泳中主要作为一种固体支持基质，其密度取决于琼脂糖的浓度。DNA在琼脂糖凝胶中的电泳，涉及电荷效应和分子筛效应。DNA分子在pH高于等电点的溶液（如pH8.0 TAE缓冲液）中带负电荷，在电场中向正极移动。由于所带电荷的多少取决于核苷酸的数目，因此DNA分子的带电量与其大小正相关。在一定的电场强度中，若无任何介质的阻碍，则大DNA分子的迁移速率大于小分子的迁移速率。但在实际电泳中，由于一定浓度的琼脂糖凝胶具有一定的孔径，不同大小的DNA分子在凝胶中迁移时受到的空间位阻是不同的。大分子DNA虽然有较高的负电荷量，但受到的空间位阻大，所以迁移速率慢；小分子DNA虽然负电荷量相对较小，但受到的空间位阻小，仍能较快地迁移到正极。一个给定大小的线状DNA分子，其迁移速率在不同浓度的琼脂糖凝胶中各不相同，具体根据实验所分离的核酸分子量大小选择适当的琼脂糖凝胶浓度，不同浓度的琼脂糖凝胶分离范围如表7-4所示。

表7-4　不同浓度琼脂糖凝胶的分离范围

琼脂糖凝胶浓度/%	线状DNA的最佳分辨范围/bp
0.5	1000~30000
0.7	800~12000
1.0	500~10000
1.2	400~7000
1.5	200~3000
2.0	50~2000

DNA的琼脂糖凝胶电泳操作简单、迅速，凝胶上经电泳分离的DNA可用灵敏的荧光染料如溴化乙锭（Ethidium bromide，EB）染色，在紫外光下可直接观察到相应条带。根据已知浓度的DNA分子标准对比所检测样品DNA条带的亮度，可以初步判定样品的浓度范围。

微量紫外分光光度法是测定核酸样品浓度和纯度的最常用方法。该方法主要利用DNA和RNA在260 nm处具有最大紫外吸收峰的性质，而蛋白质的紫外最大吸收峰为280 nm，盐和小分子则集中在230 nm处。因此，可以用260 nm波长的吸光度测定DNA或RNA浓度，其吸收强度与DNA和RNA的浓度成正比。根据缓冲液中寡核苷酸、单链DNA、双链DNA以及RNA核酸的分子构成不同，在260 nm处1 OD对应核酸浓度的换算系数不同，1 OD的吸光值分别相当于50 μg/mL的dsDNA，37 μg/mL的ssDNA，40 μg/mL的RNA，30 μg/mL的寡核苷酸。测试后的吸光值经过上述系数的换算，从而得出相应的样品浓度。同时，根据样品260 nm和280 nm处的光吸收比（A_{260}/A_{280}）可反映核酸样品的纯度。DNA和RNA纯品的A_{260}/A_{280}值分别为1.8和2.0，如果样品中有蛋白质或酚的污染，则A_{260}/A_{280}将明显降低；若样品中DNA发生了变性降解或RNA污染，则A_{260}/A_{280}将明显升高。A_{260}/A_{230}也可以作为DNA纯度评价参考。230 nm是碳水化合物的最高吸收波长，纯度高的核酸A_{260}/A_{230}的值在2.0~2.5之间，若$A_{260}/A_{230}<2.0$，表明样品被碳水化合物（糖类）、盐类或有机溶剂污染，必要时需要纯化样品。

三、实验用品

1. 材料

DNA样品,DNA分子量标准。

2. 试剂

(1)50×TAE缓冲液:称取242 g Tris碱和14.6 g EDTA加入800 mL去离子水,加入57.1 mL冰醋酸充分溶解后加入20 mL浓盐酸混匀,添加少许盐酸调pH至8.0。

(2)6×上样缓冲液:0.2% 溴酚蓝加50%(w/v)蔗糖水溶液。

(3)核酸染料:0.5 μg/mL溴化乙锭。

(4)其他:琼脂糖和去离子水。

3. 器材

天平,微波炉,水平板电泳槽,制胶模和梳子,电泳仪,凝胶成像系统(或蓝光切胶仪),超微量分光光度计(紫外分光光度计、石英比色杯),微量移液器,三角瓶,Tip头和PE手套等。

四、实验内容

(一)琼脂糖凝胶检测DNA

(1)准确称取琼脂糖粉末0.4 g加到溶胶三角烧瓶内,量取40 mL 1×TAE缓冲液倒入瓶中,微波炉内加热熔化;稍微冷却后倒入制胶模具的托板上,插入梳子待其凝固20~30 min后备用。

(2)在一张空白的塑料片上点加1~2 μL的6×loading buffer,用移液器吸取3~5 μL DNA样品加入其中混匀后,将样品与loading buffer混合液缓上样至被浸没的凝胶加样孔中。

(3)同一块凝胶上留一个加样孔上样分子量大小适宜的DNA分子量标准3 μL。

(4)接通电源(红色为正极,黑色为负极),100~120 V电泳30~40 min,待溴酚蓝指示带距离凝胶上样孔对侧边缘2 cm附近时停止电泳。

(5)取出凝胶浸泡在加有少许EB溶液的1×TAE缓冲液(略带橘红色)中染色6~8 min。

(6)将染色后的凝胶置于凝胶成像仪台面上(或蓝光切胶仪)暗室内通过紫外光

(或可见蓝光)激发观察核酸样品的电泳带亮度及其位置,并与核酸分子量标准比较所检测的核酸样品的分子量大小。

(二)微量分光光度法测定DNA浓度

(1)打开超微量分光光度计(NanoDrop2000)连接电脑或一体机,打开软件并选择样品类型为dsDNA,等待机器初始化完成后,用TE缓冲液清洗探头多次并用滤纸吸干。

(2)加样1 μL TE缓冲液后单击“blank”进行归零处理并用滤纸吸干。

(3)加样1 μL DNA样品后单击“measure”测定样品浓度和纯度。

(4) 根据测定数值记录样品浓度、A_{260}/A_{280}和A_{260}/A_{230}参数。

(5)用TE缓冲液清洗探头多次并用滤纸吸干,关闭相应软件后,关闭计算机或一体化机器。

若没有超微量分光光度计亦可以通过紫外分光光度计测定核酸样品的A_{260}、A_{280}和A_{230},然后根据A_{260}换算相应样品的DNA浓度,同时可以计算A_{260}/A_{280}和A_{260}/A_{230}来判断DNA样品的纯度。具体操作如下:

(1) 取两支100 μL的石英比色杯,分别加入63 μL TE,一支再加入7 μL TE作为对照,另一支加入7 μL DNA样品作为测定管(加入TE和核酸样品的体积视DNA样品浓度而定)。

(2)分别测定OD_{260}、OD_{280}和OD_{230}的值,根据公式DNA含量(ng/μL)=$OD_{260}/0.02\times$稀释倍数计算样品DNA含量。

(3)计算OD_{260}/OD_{280}和OD_{260}/OD_{230}比值来判定样品含量和纯度。

【要点提示】

1.核酸电泳常用的指示剂有溴酚蓝和二甲苯青。溴酚蓝在碱性液体中呈紫蓝色,在0.6%、1%、1.4%和2%琼脂糖凝胶电泳中,溴酚蓝的迁移率分别与1 kb、0.6 kb、0.2 kb和0.15 kb的双链线性DNA片段大致相同。二甲苯青的水溶液呈蓝色,它在1%和1.4%琼脂糖中电泳时,其迁移速率分别与2 kb和1.6 kb的双链线性DNA大致相似。

2.EB是一种扁平型的高灵敏度核酸染料,可嵌入核酸双链的碱基对之间,在紫外线激发下,发出橘红色荧光。

3. 实验室所用EB染液浓度低于0.5 mg/mL，需要处理时可加入一倍体积的0.5 mol/L $KMnO_4$混匀；再加入等量的2.5 mol/L盐酸混匀并于置室温数小时后，加入一倍体积的2.5 mol/L NaOH混匀并废弃。

【注意事项】

1. EB为强诱变剂，操作时必须戴一次性手套并按要求规范操作！EB污染废弃物和凝胶严格按照有毒有害污染物专门处理，请勿倒入生活垃圾！

2. 琼脂糖凝胶电泳是生物学中常见的实验技术，对电泳凝胶的核酸染色强力推荐后染法，也就是先制备凝胶时不加核酸染料，直到电泳结束再将电泳后的凝胶置于核酸染料溶液中浸泡(作者本人用过多种常用的核酸染料浸泡时间均为6~8 min)后再成像观察。这种染胶方式避免大范围的核酸染料污染，保证从熔胶到电泳结束过程中凝胶所接触的器具不被核酸染料污染，极大程度提高核酸操作时的安全性。

3. 操作凝胶成像系统时建议抓取凝胶的一只手戴手套，而操作成像系统外舱和电脑的另一只手不戴手套，这样操作者会保持警觉感不会无意识地双手间交叉操作，避免核酸染料污染成像系统舱外和计算配件。

4. 空白对照是溶解核酸的液体。空白对照的pH和离子浓度必须和检测样品一样。可以将空白对照作为样品进行多次测量，如果每次吸光度偏差小于0.05，说明仪器测量稳定，可进行待测样品检测。

5. 如采用普通光电管紫外检测仪，OD值范围应该在0.1~0.99之间，否则不符合上述线性关系。

6. $A_{260\ nm}/A_{280\ nm}$比值可提供核酸纯度的一个参考，但A_{260nm}/A_{280nm}比值会受pH影响。如果未调pH，比值可能与实际差别很大。如果需要准确数值，建议在10 mmol/L Tris-HCl，pH 8.5中检测(注意应使用同样缓冲液作为对照)。

五、结果分析

(1)根据电泳图谱判断核酸分子的大小及纯度。

(2)按照表7-5记录并分析微量法测定核酸含量。

表7-5　微量法测定核酸含量的结果

测定波长	样品编号					
	1	2	3	3	4	5
浓度/ng·μL^{-1}						
A_{260}/A_{230}						
A_{260}/A_{280}						

思考题

1. 请查阅相关资料分析影响琼脂糖凝胶电泳中 DNA 迁移率的因素有哪些？它们如何影响DNA分子在琼脂糖凝胶中电泳迁移率？
2. 请至少列举三种测定DNA含量的方法，并比较它们的原理有何差异。
3. 如何对样品的微量核酸分光光度计检测结果进行分析？
4. 实验得出的数据是否合理？为什么？
5. 如果测得$A_{260\ nm}/A_{280\ nm}$=1.8，能否说明DNA样品非常纯净？为什么？

实验7-5
DNA的含量测定——二苯胺显色法

一、实验目的

学习并掌握二苯胺显色法测定DNA含量的原理和方法。

二、实验原理

DNA在酸性条件下加热，其嘌呤碱与脱氧核糖间的糖苷键断裂，生成嘌呤碱、脱氧核糖和脱氧嘧啶核苷酸，而α-脱氧核糖在酸性环境中加热脱水生成ω-羟基-γ-酮基戊醛，与二苯胺试剂加热反应生成蓝色化合物，在595 nm波长处有最大吸收。对应的DNA含量在40~400 μg/mL范围内，吸光度与其浓度成正比。

$$\text{DNA} \xrightarrow{H^+} \text{CHO}-\overset{H_2}{C}-\overset{H_2}{C}-\overset{O}{\overset{\|}{C}}-\text{CH}_2\text{OH} + \text{C}_6\text{H}_5-\text{NH}-\text{C}_6\text{H}_5 \xrightarrow[100\ ^\circ\text{C}]{\text{HAc}} \text{蓝色化合物}$$

用二苯胺法测定DNA含量灵敏度不高，待测样品中DNA含量若低于50 μg/mL时难以测定。在反应液中加入少量乙醛，可以提高反应灵敏度。样品中含有少量RNA不影响测定，而蛋白质、脱氧木糖、阿拉伯糖、芳香醛等能与二苯胺形成各种有色物质，干扰测定。

三、实验用品

1. 实验材料

提取的DNA样品。

2. 实验试剂

小牛胸腺DNA钠盐、NaOH、二苯胺、冰乙酸、过氯酸、乙醛均为分析纯。

（1）200 μg/mL DNA标准溶液：称取小牛胸腺DNA钠盐，以0.01 mol/L NaOH溶液配成200 μg/mL溶液。

（2）二苯胺试剂：称取1 g二苯胺，溶于100 mL分析纯的冰乙酸中，再加入60%以上的过氯酸10 mL，混匀待用。临用前加入1 mL 1.6%乙醛，配好的试剂应为无色。

3. 测试DNA样品溶液制备

准确称取干燥的DNA制品，以0.01 mol/L NaOH溶液配成100~150 μg/mL的溶液。若要测定RNA制品中的DNA含量，样品中至少要含有DNA 20 μg/mL才能进行测定。

4. 器材

分光光度计、水浴锅、50 mL容量瓶、烧杯、试管、试管架、移液管（移液器）。

四、实验内容

（1）制作DNA标准曲线。

取12支洁净干燥试管，分成2组编号，按表7-6加入DNA标准溶液和各试剂后，充分混匀。于60 ℃水浴中保温1 h，取出冷却后倒入玻璃比色皿中，595 nm波长处以1、2管为空白调零，测定各管吸光度（$A_{595\ nm}$）。取各组两管的平均值，以DNA的含量为横坐标，吸光度为纵坐标，绘制标准曲线，也可通过Excel计算标准曲线方程，用于DNA含量计算。

表7-6　DNA标准曲线绘制

项目	试管号					
	0	1	2	3	4	5
标准DNA/mL	0	0.4	0.8	1.2	1.6	2.0
蒸馏水/mL	2	1.6	1.2	0.8	0.4	0
二苯胺试剂/mL	4	4	4	4	4	4
A_{595}						
DNA含量/μg						

（2）样品DNA含量测定。

（3）取2支干净试管加入测试DNA样品溶液，其他操作同上，测定样品溶液在595 nm处的吸光度（表7-7）。待测溶液中的DNA含量应调整至标准曲线的可读范围（线性范围）内。

表7-7 样品中DNA含量测定

样品管号	待测样品DNA溶液/mL	二苯胺试剂/mL	A_{595}	DNA含量/μg
1				
2				

五、结果与分析

根据实验结果，绘制标准曲线。将样品吸光度代入标准曲线方程，计算相对应的DNA含量，按下式计算出样品中DNA的百分含量。

$$\text{DNA} = \frac{\text{待测样品中DNA的质量（mg）}}{\text{称量的待测DNA样品质量（mg）}} \times 100\%$$

【注意事项】

1. 通过Excel计算出的标准曲线方程的线性相关系数$r \geq 0.999$，最终测定的结果才准确可靠。若最终计算的相关系数不高，可能原因是加样误差过大或显示不均匀。

2. 二苯胺试剂具有腐蚀性，二苯胺反应产生的蓝色不易褪色，操作中应防止洒出。比色时，比色皿外面一定要擦干净。

思考题

1. 本实验的关键步骤是什么？如何控制？
2. 实验中加入乙醛的目的是什么？

实验7-6
RNA的含量测定——苔黑酚法

一、实验目的

了解并掌握苔黑酚法测定RNA含量的原理与方法。

二、实验原理

RNA由碱基、磷酸和戊糖组成，当RNA与浓盐酸共热时，即发生降解，形成的核糖继而转变成糠醛（α-呋喃甲醛）。在Fe^{2+}或Cu^{2+}催化下，糠醛与3,5-二羟基甲苯（苔黑酚又称地衣酚）反应，生成绿色复合物，该反应产物在670 nm处有最大吸收。但是，苔黑酚法特异性差，凡戊糖均有此反应，己糖持续加热产生的羟甲基糠醛，以及DNA和其他杂质也能与地衣酚反应产生类似颜色。样品中少量DNA存在对测定无干扰，蛋白质、黏多糖的含量高时会干扰测定。RNA浓度在10~100 μg/mL范围内，反应生成鲜绿色复合物的吸光度与对应RNA浓度成正比，其中所用标准液浓度为100 μg/mL，实际实验中采用50 μg/mL，RNA待测液浓度再稀释一倍，所测结果再利用线性关系计算会更准确些。

CHO
H—C—OH
H—C—OH
H—C—OH
CH_2OH
$\xrightarrow[100\ ℃]{浓HCl}$ (呋喃环) CHO $\xrightarrow[Cu^{2+}\ 100\ ℃]{(CH_3, OH, OH 取代苯)}$ 绿色复合物

三、试剂及器材

1. 材料

提取的RNA样品。

2. 试剂

(1)100 μg/mL RNA标准液:准确称取酵母RNA(标准品)10 mg,以0.01 mol/L NaOH溶液定容至10 mL,即得100 μg/mL的RNA标准溶液。

(2)样品RNA溶液:将一定量的RNA粗品用0.01 mol/L NaOH溶液定容,控制RNA浓度在10~100 μg/mL范围内。

(3)苔黑酚试剂:苔黑酚0.1 g溶于100 mL浓盐酸中,再加入0.1 g $FeCl_3$,现配现用。

3. 器材

分光光度计、试管、容量瓶、恒温水浴锅、量筒、移液管(移液器)。

四、实验内容

1. 标准曲线绘制

取试管12支,分成2组,按表7-8编号并加入各试剂。混合均匀后,置于沸水浴中加热45 min,冷却,在670 nm处测定吸光度。同一浓度取平均值进行计算。以A_{670}为纵坐标,RNA质量(μg)为横坐标绘制标准曲线,用Excel计算标准曲线方程。

表7-8 RNA标准曲线绘制

试剂	管号					
	1	2	3	4	5	6
RNA标准液/mL	0	0.4	0.8	1.2	1.6	2.0
蒸馏水/mL	2.0	1.6	1.2	0.8	0.4	0.0
苔黑酚试剂/mL	2.0	2.0	2.0	2.0	2.0	2.0
RNA质量/μg						
A_{670}						

2. 样品的测定

取1.0 mL样液置于2支干净试管内,加蒸馏水1.0 mL及苔黑酚试剂2.0 mL,沸水浴中保温45 min,冷却后测定A_{670}(表7-9)。待测RNA溶液的吸光度应控制在标准曲线范围内。根据标准曲线计算RNA的质量(μg)。样品测定重复3次,如果样品A_{670}超过了标准曲线的吸光度范围,则根据情况进行适当稀释。

$$\text{RNA含量} = \frac{m_1}{m_2} \times 100\%$$

m_1:样品溶液中测得的RNA质量(μg);m_2:称量的RNA质量(μg)。

表7-9 样品中RNA含量测定

样品管号	待测样品RNA溶液/mL	蒸馏水/mL	苔黑酚试剂/mL	A_{670}	RNA含量/μg
1	1.0	1.0	2.0		
2	1.0	1.0	2.0		

【注意事项】

1. 使用分光光度仪时操作要规范,对每个比色皿在实验前都用待测液体进行润洗,而且在放入仪器中时都将外表擦拭干净。

2. 在平行测定中样品和各试剂加样要准确,样品测定时重复测定3次,同时样品吸光度要在标准曲线范围内,保证结果的准确性。

3. 待测样品中可能含有少量蛋白质、DNA,对吸收作用会产生误差。

4. 该方法仅限于所提取的RNA不含有其他糖及糖的衍生物、芳香醛、蛋白质等杂质,且RNA含量不能太低。

五、结果分析

根据实验结果,绘制标准曲线,将样品吸光度代入标准曲线方程,计算相样品RNA的含量。

思考题

1. 怎样区分某一样品是DNA还是RNA?
2. 简述苔黑酚法测定RNA含量的基本原理。

实验7-7
酵母核糖核酸(RNA)的提取及组分鉴定

一、实验目的

(1)掌握稀碱法提取RNA的原理和方法。

(2)了解RNA的组分并掌握鉴定RNA组分的原理及方法。

二、实验原理

酵母核酸中RNA含量较高,可以达到2.67%~10%,而DNA含量为0.03%~0.516%。碱提取法是RNA粗制品制备的常用简便方法,主要利用RNA可溶于碱性溶液的性质。用稀碱溶液使细胞裂解,释放RNA溶解在碱液中,然后用乙酸中和,离心除去蛋白质和菌体后的上清液用乙醇沉淀RNA。此外,亦可以在离心分离的上清液中加入稀盐酸调pH至2.5,利用RNA的等电点沉淀溶液中的RNA。

核糖核酸由核糖、含氮碱基(嘌呤碱、嘧啶碱)和磷酸三种组分组成。加硫酸煮沸可使其水解,水解液中的磷酸与定磷试剂中的钼酸铵结合成磷钼酸铵(黄色沉淀);当有还原剂存在时,磷钼酸铵立即转变成蓝色的还原产物——钼蓝。氨水中RNA酸水解产生的嘌呤碱与硝酸银反应可生成白色嘌呤银化合物沉淀。RNA与酸共热水解产生的是核糖而不是脱氧核糖,由核糖转变而成糠醛与苔黑酚反应,在Fe^{3+}或Cu^{2+}催化下生成鲜绿色复合物。由于脱氧核糖无此反应,因此可以利用此反应鉴定RNA和DNA。

三、实验用品

1. 材料

干酵母粉或鲜酵母(市售)。

2. 试剂

(1)0.04 mol/L NaOH溶液:称取NaOH 1.6 g,溶于1000 mL蒸馏水中。

(2)10% H_2SO_4溶液:移液管吸取浓硫酸(密度1.84)5.5 mL缓慢倾于水中稀释至100 mL。

(3)0.1 mol/L硝酸银溶液:称取硝酸银4.25 g溶于250 mL蒸馏水中。

(4)$FeCl_3$浓盐酸溶液:将1.25 mL 10% $FeCl_3$加入到250 mL浓HCl中(10% $FeCl_3$:称取1 g $FeCl_3$溶于10 mL蒸馏水中)。

(5)苔黑酚乙醇溶液:称取苔黑酚3 g溶于100 mL 95%乙醇中。

(6)定磷试剂:

A液(17% H_2SO_4):将9.3 mL浓H_2SO_4(密度1.84)缓缓加入到蒸馏水中定容至100 mL。B液(2.5%钼酸铵溶液):称取1.25 g钼酸铵溶于50 mL蒸馏水中。C液(10%抗坏血酸溶液):称取5g抗坏血酸溶于50 mL蒸馏水中,贮存在棕色瓶中保存。溶液呈淡黄色时可用,如呈深黄色或棕色则失效,需纯化抗坏血酸。临用时将上述A、B和C三种溶液与H_2O按以下比例混合,A:B:C:水=1:1:1:2(v/v/v/v)。

(7)其他:冰醋酸、浓氨水、95%乙醇。

3. 器材(设备)

研钵,试管,烧杯,离心管,pH试纸,量筒(100 mL),吸管(10 mL、5 mL、2 mL、1 mL),滴管,低速台式离心机,水浴锅等。

四、实验内容

(一)酵母中RNA的提取

(1)称2 g干酵母粉置于研钵中,加少许石英砂和4 mL 0.04 mol/L NaOH溶液,在研钵中充分研磨。

(2)将匀浆液转移到100 mL烧杯中,再用6 mL 0.04 mol/L NaOH溶液分两次洗涤研钵,洗涤液并入匀浆液中,沸水浴上加热30 min,每5 min搅拌1次。

(3)冷却后加数滴乙酸调pH至5~6,倒入离心管中4000 rpm 离心10 min。

(4) 吸取上清加入2倍体积的乙醇,稍加搅拌后静置沉淀。

(5) 待RNA沉淀完全后,3000 rpm离心3 min,弃上清。

(6) 加入95%乙醇5 mL洗涤,3000 rpm离心3 min,弃上清。

(7)重复95%乙醇洗涤1次,弃上清,吸出管底残液后风干5 min,白色沉淀即为RNA粗品。

(二)组分鉴定

按0.1g沉淀加1 mL 10%的硫酸溶液,沸水浴加热5~10 min制备RNA水解液,然后按以下操作进行组分鉴定。

(1)核糖鉴定:取1 mL RNA水解液,加入2 mL三氯化铁浓盐酸溶液和0.2 mL苔黑酚乙醇溶液混匀,沸水浴5~10 min,观察颜色变化;

(2) 嘌呤碱鉴定:取2 mL 0.1 mol/L的硝酸银,然后加入2 mL水解液,逐滴加入浓氨水混匀,放置片刻,观察是否有白色絮状物的产生;

(3) 磷酸鉴定:取2 mL水解液,加1 mL定磷试剂混匀,沸水浴加热3 min,观察有无蓝色沉淀产生。

【注意事项】

1. 用NaOH提取酵母RNA时需要沸水浴才能保证酵母细胞壁变性和完全裂解。

2. 取上清液应用滴管小心吸取,不要将下层的细胞残渣吸入。

3. 苔黑酚(又名地衣酚,3,5-甲苯二酚),鉴定戊糖时特异性较差,凡属戊糖均有此特性。微量DNA无影响,较多DNA存在时有干扰作用,在试剂中加入适量$CuCl_2 \cdot 2H_2O$可减少DNA的干扰,甚至某些戊糖持续加热后生成的羟甲基糠醛也能与地衣酚反应,产生显色复合物。

4. 用$AgNO_3$鉴定RNA中的嘌呤碱时,除了产生嘌呤银化物沉淀外,还会产生磷酸银沉淀,磷酸银沉淀可溶于氨水,而嘌呤银化物沉淀在浓氨水中溶解度很低,加入浓氨水可消除PO_4^{3+}的干扰。

5. 用乙醇沉淀RNA时,需用乙酸中和稀碱至pH为5~6;而用等电点沉淀时,可以加冰乙酸至pH为2.5沉淀RNA。

6. 使用浓硫酸时当心浓硫酸腐蚀,用浓硫酸配制硫酸溶液时应将浓硫酸沿器壁缓慢加入水中,边加边搅拌,切忌将水加到浓硫酸中!

五、结果与分析

根据实验结果，准确描述实验现象，并加以分析。

思考题

1. 稀碱法提取RNA，加热后为什么要加乙酸中和至微酸性？乙酸能不能多加？为什么？
2. 本实验为何选用酵母作为提取原料？稀碱法提取酵母RNA过程中的关键步骤有哪些？
3. 用苔黑酚鉴定RNA时加入$FeCl_3$的目的是什么？用$AgNO_3$鉴定嘌呤碱时加入浓氨水的目的是什么？

第八章

酶与维生素

实验8-1

酶的性质——底物的专一性、温度、pH、激活剂及抑制剂对酶活的影响

一、实验目的

(1)掌握酶的专一性和温度、pH、激动剂及抑制剂对酶活性的影响。

(2)熟悉淀粉及其酶解产物的特殊显色方法。

(3)学习测定酶活力的最适温度和最适pH的方法。

二、实验原理

酶具有高度专一性,一种酶只能催化一种或一类底物发生反应,如淀粉酶只能水解淀粉,不能水解蔗糖。当淀粉被淀粉酶彻底水解为还原性麦芽糖和葡萄糖时,能使班氏试剂的Cu^{2+}还原成Cu^{+},生成砖红色Cu_2O沉淀。淀粉酶的活性受温度、pH、激动剂及抑制剂、酶浓度以及作用时间等多种因素影响,因而水解淀粉生成一系列分子大小不同的糊精。不同程度的水解糊精可与碘反应生成紫色、棕色或红色络合物。通过上述特征性反应,并以蔗糖等作对照,便可观察、验证淀粉酶是否具有专一性以及它的催化活性是否受到影响。

酶活力受温度的影响很大,提高温度可以增加酶促反应的速度。但同时温度过高可引起蛋白质变性,导致酶失活。因此,反应速度达到最大值以后,随着温度的升高,反应速度反而逐渐下降,以致完全停止反应。酶促反应速度达到最大值时的温度称为某种酶作用的最适温度。高于或低于最适温度时,反应速度逐渐降低。大多数动物酶的最适温度为37~40 ℃,植物酶的最适温度为50~60 ℃。

环境pH会影响酶蛋白的解离,因此酶活力与环境pH有密切联系。通常酶只有在一定的pH范围内才具有活力。酶活力最高时的pH,称为该酶的最适pH。低于或高

于最适pH时，酶的活力逐渐降低。不同酶的最适pH不同，例如，胃蛋白酶的最适pH为1.5~2.5，胰蛋白酶的最适pH为7.5~8.5等。

酶活力常受某些物质的影响，有些物质能使酶活力增加，称为酶的激活剂；另一些物质则能使酶活力降低，称为酶的抑制剂。例如，Cl^-为唾液淀粉酶的激活剂，Cu^{2+}为其抑制剂。

本实验采用唾液淀粉酶在不同条件下水解淀粉的能力，检测温度、pH、激活剂及抑制剂对酶活性的影响。

三、实验用品

1. 实验试剂

（1）0.1%淀粉液：称取可溶性淀粉0.1 g，先用少量水加热调成糊状，再加热水稀释至100 mL。

（2）0.1%蔗糖溶液：0.1 g蔗糖溶于100 mL蒸馏水。

（3）班氏试剂：称取85 g柠檬酸钠（$Na_3C_6H_5O_7 \cdot 11H_2O$）及50 g无水碳酸钠，溶解于400 mL蒸馏水中。另溶解8.5 g硫酸铜于50 mL热水中。将硫酸铜溶液缓缓倾入柠檬酸钠-碳酸钠溶液中，边加边搅，如有沉淀可过滤。此混合液可长期使用。

（4）1%淀粉溶液：将1 g可溶性淀粉与少量冷蒸馏水混合成薄浆状物，然后缓缓倾入沸蒸馏水中，边加边搅拌，最后以沸蒸馏水稀释至100 mL。

（5）不同pH缓冲液：

①pH6.8缓冲液：取0.2 mol/L Na_2HPO_4溶液772 mL，0.1 mol/L柠檬酸溶液228 mL混合即成。

②pH4.0缓冲液：取0.2 mol/L Na_2HPO_4溶液385.5 mL，0.1 mol/L柠檬酸溶液614.5 mL混合即成。

③pH8.0缓冲液：取0.2 mol/L Na_2HPO_4溶液972 mL，0.1 mol/L柠檬酸溶液28 mL混合即成。

（6）1%氯化钠溶液：1 g NaCl溶于100 mL蒸馏水。

（7）1%硫酸铜溶液：1 g $CuSO_4$溶于100 mL蒸馏水。

（8）1%硫酸钠溶液：1 g Na_2SO_4溶于100 mL蒸馏水。

（9）碘化钾-碘溶液：于2%碘化钾溶液中加入碘至淡黄色。

2. 实验器材

滴管、烧杯、试管（架）及试管夹 、恒温水浴箱与水浴锅、脱脂棉、漏斗、纱布、制冰机、白瓷反应盘等。

四、实验内容

（一）唾液的制备

（1）每人取一个干净的饮水杯，装上蒸馏水；

（2）先用蒸馏水漱口，将口腔内的食物残渣清除干净；

（3）口含约20 mL蒸馏水，做咀嚼动作1~2 min，以分泌较多的唾液。

（二）酶的性质实验

1. 酶的专一性

唾液淀粉酶可将淀粉逐步水解成各种不同大小分子的糊精及麦芽糖。它们遇碘呈不同的颜色。直链淀粉（即可溶性淀粉）遇碘呈蓝色；糊精按分子从大到小的顺序，遇碘可呈蓝色、紫色、暗褐色和红色，最小的糊精和麦芽糖遇碘不呈现颜色。因此可由酶反应混合物遇碘所呈现的颜色来判断淀粉的水解程度。

取干净试管4支，按表8-1加入试剂并操作。

表8-1 酶的专一性实验

试剂	管号			
	1	2	3	4
0.1%淀粉溶液/mL	2.0	—	2.0	—
0.1%蔗糖溶液/mL	—	2.0	—	2.0
稀释的唾液（1∶30）/mL	—	—	0.5	0.5
蒸馏水/mL	0.5	0.5	—	—
37 ℃恒温10 min，取2滴反应液在白瓷板中，滴加2滴 $KI-I_2$试剂，观察现象				
现象1				
班氏（本尼迪特）试剂/mL	0.1	0.1	0.1	0.1
沸水浴/min	5	5	5	5
现象2				

观察并比较各管的现象，并解释。

2. 温度对酶活力的影响

取干净试管5支，按表8-2加入试剂并操作。

表8-2 温度对酶活力的影响

试剂	管号				
	1	2	3	4	5
1%淀粉溶液/mL	1.0	1.0	1.0	1.0	1.0
温度预处理	37 ℃	0 ℃	100 ℃	0 ℃	100 ℃
稀释的唾液(1:30)/mL	0.5	0.5	0.5	0.5	0.5
实验过程	37 ℃保温5 min	0 ℃保温5 min	100 ℃保温5 min	先0 ℃保温5 min，再37 ℃保温5 min	先100 ℃保温5 min，再37 ℃保温5 min

再向各管加$KI-I_2$试剂2滴，摇匀后观察各管颜色，并解释。

3. pH对酶活力的影响

取干净试管5支，按表8-3对加入试剂并操作。

表8-3 pH对酶活力的影响

试剂	管号				
	1	2	3	4	5
0.2 mol/L Na_2HPO_4/mL	0.16	0.56	1.47	2.43	2.84
0.2 mol/L NaH_2PO_4/mL	2.84	2.44	1.53	0.57	0.16
pH	5.6	6.2	6.8	7.4	8.0
1%淀粉溶液/mL	1.0	1.0	1.0	1.0	1.0
混匀，37 ℃水浴中保温2 min					
稀释的唾液(1:30)/mL	0.5	0.5	0.5	0.5	0.5

加酶液后，迅速混匀置37 ℃水浴保温，每隔1 min从3号管中取溶液1滴加到已有碘化钾-碘试剂的白瓷板中，观察颜色变化，直至与碘不呈色时，再向各管加$KI-I_2$试剂2滴，摇匀后观察。根据实验结果找出唾液淀粉酶的最适pH。

4.激活剂和抑制剂对酶活力的影响

取干净试管4支，按表8-4编号加入试剂。

表8-4 激活剂和抑制剂对酶活力的影响

试剂/mL	管号			
	1	2	3	4
1%淀粉溶液	1.0	1.0	1.0	1.0
1%硫酸铜溶液	1.0	—	—	—
1%氯化钠溶液	—	1.0	—	—
1%硫酸钠溶液	—	—	1.0	—
蒸馏水	—	—	—	1.0
混匀，37 ℃水浴中保温2 min				
稀释的唾液(1:30)	0.5	0.5	0.5	0.5

加酶后，迅速混匀置37 ℃水浴保温，每隔30 s分别取出2滴反应液在白瓷板中，滴加1滴KI-I_2试剂，观察颜色的变化，记录每支试管遇KI-I_2溶液不显蓝色所需的时间，并分析原因。

【注意事项】

1. 反应试管应清洗干净，不同试剂，酶液及其移液管不能交叉混用。
2. 使用混合唾液或通过预试选出合适的唾液淀粉酶稀释度，效果更为显著。
3. 实验完毕注意生物试剂(加入唾液)的无公害处理。
4. 由于唾液淀粉酶活力有个体差异，稀释比例根据实际情况调整。

五、实验结果

观察上述实验的实验现象，根据每个实验的原理，分析现象产生的原因。

思考题

1. 通过查找文献获得唾液淀粉酶的各项参考值，并分析实验结果与文献参考值是否有差异，并作出解释。
2. 如何保证实验中被测酶的活性?

实验8-2 胰蛋白酶活性的测定

一、实验目的

(1)掌握定量测定蛋白酶的活性的方法。

(2)进一步理解酶活力和比活力的概念。

(3)巩固比色法测定物质含量的基础,巩固绘制标准曲线的方法。

二、实验原理

Folin-酚试剂中的磷钨酸和磷钼酸,在碱性条件下极不稳定,易被酚类化合物还原为蓝色化合物(钨蓝和钼蓝),该化合物在680 nm具有最大吸收波长。在一定的范围内,蓝色化合物颜色的深浅与含量成正比。

胰蛋白酶是一种水解酶,能够将蛋白质水解为小肽,水解液经三氯乙酸沉淀后,小肽不会被沉淀下来,但是未水解的蛋白质会被沉淀下来,上清液中生成含酚基氨基酸的小肽能够与Folin试剂发生反应,生成蓝色化合物。在一定的范围内,蓝色化合物颜色的深浅与酶活力的大小呈正比。因此用分光光度计测定含酚基如酪氨酸的量,可以反映出蛋白的水解程度,进一步计算胰蛋白酶的活力。

胰蛋白酶活力单位定义:在37 °C,pH7.5的条件下,水解酪蛋白每分钟产生1 μg酪氨酸为1 U。

三、实验用品

1. 器材

试管、分光光度计、恒温水浴锅、离心机。

2. 试剂

(1)Folin试剂乙:制备方法较繁琐,建议购买商业化试剂。

制备方法如下:在2 L磨口回流瓶中,加入100 g钨酸钠($Na_2WO_4 \cdot 2H_2O$),25 g钼酸钠($Na_2MoO_4 \cdot 2H_2O$)及700 mL蒸馏水,再加50 mL 85%磷酸,100 mL浓HCl,充分混合,接上回流管,以小火回流10 h,回流结束时,加入150 g硫酸锂(Li_2SO_4),50 mL蒸馏水及数滴液体溴,开口继续沸腾15 min,以便去除过量的溴。冷却后溶液呈黄色(如仍呈绿色,须再重复滴加液体溴的步骤)。稀释至1 L,过滤,滤液置于棕色试剂瓶中保存。使用时用标准NaOH滴定,酚酞作指示剂,然后适当稀释,约加1倍的水,使最终的酸浓度为1N左右。

(2)0.55 mol/L碳酸钠溶液:58.3 g无水碳酸钠溶于蒸馏水,稀释并定容至1000 mL。

(3)10%三氯乙酸溶液。

(4)0.2 mol/L磷酸缓冲液(pH7.5)。

(5)0.5%酪素溶液:称取0.5 g酪素,以0.5 mol/L氢氧化钠1 mL润湿,再加少量0.2 mol/L磷酸缓冲液稀释。在水浴中煮沸溶解,冷却,稀释并容至100 mL,4 ℃保存。

(6)50 mg/L酪氨酸溶液。

(7)胰蛋白酶溶液。

四、实验内容

1. 标准曲线的制作

取6支试管,按表8-5加入试剂。

表8-5 标准曲线的制作

试剂/mL	管号					
	1	2	3	4	5	6
50 mg/L酪氨酸溶液	0	0.2	0.4	0.6	0.8	1.0
蒸馏水	1.0	0.8	0.6	0.4	0.2	0
0.55 mol/L碳酸钠溶液	5.0	5.0	5.0	5.0	5.0	5.0
Folin试剂乙	1	1	1	1	1	1

将各管摇匀于37 ℃水浴中显色15 min,测680 nm处的吸光度。以OD值为纵坐标,酪氨酸的mg数为横坐标绘制标准曲线。

2. 样品测定

取干燥的试管2支，按表8-6加入试剂及进行相应的实验。

表8-6　胰蛋白酶活力检测的样品测定

试剂/mL	管号		实验处理
	1	2	
0.5%酪素溶液	2.0	2.0	37 ℃水浴中酶解15 min
0.2 mol/L磷酸缓冲液	1.0	0	
2 mg/mL胰酶溶液	0	1.0	
10%三氯乙酸溶液	3.0	3.0	过滤/离心（3000 rpm，3 min）
上清液	1	1	37 ℃水浴中显色15 min
0.55 mol/L碳酸钠溶液	5.0	5.0	
Folin试剂乙	1	1	
$OD_{680\ nm}$	以1号管调零，测定2号管的OD值		

【注意事项】

1. 反应的时间和温度需要准确。

2. 胰蛋白酶的浓度一般在1~2 mg/mL，具体所用浓度根据购买的胰蛋白酶的纯度进行调整。

3. 所有反应器皿均须清洗干净，确保不含氨或铵离子。

4. 在实验操作的同时要进行相关的推导和计算，明确1/[S]的截距与K_m关系。

五、结果与分析

根据标准曲线查得，酶促反应产生的酪氨酸微克数，

$$含酶活力单位=W/15\times F$$

式中，W——样品测定光密度查曲线得相当酪氨酸微克数；

F——酶液稀释倍数。

思考题

1.测定胰蛋白酶活力的原理是什么?

2.胰蛋白酶的最适pH值多少?pH值对胰蛋白酶稳定性有何影响?

3.酶的试验为何设对照又要设空白?稀释的酶溶液是否可长期使用?说明原因。

4.如何保证本实验测定数据的准确性?

实验8-3
胰蛋白酶米氏常数的测定

一、实验目的

(1)了解并掌握米氏常数的意义。

(2) 掌握米氏常数测定方法。

二、实验原理

(1)当底物在较低范围内增加时,酶促反应速度随着底物浓度的增加而加速。当底物增至一定浓度后,即使再增加底物浓度,反应速度也不会增加。这是由于酶在行使生物学功能的时候需要与底物形成复合物,而酶浓度限制复合体的形成。

Michaelis和Menten推导得出米氏酶底物浓度和酶促反应速度的关系式:

$$v = \frac{v_{max}[S]}{K_m + [S]}$$

此方程称为米氏方程,式中:v为反应速度;v_{max}为最大反应速度;$[S]$为底物浓度;K_m为米氏常数;而K_m表示酶和底物亲和力,可以理解为最大反应速率一半时底物浓度,因此了解酶对于某一种底物的K_m值是非常重要的。

有两种常用的方法求出K_m值:

①以v对$[S]$作图:

由米氏方程可知,$v = \frac{v_{max}}{2}$时,K_m=$[S]$,即米氏常数值等于反应速度达到最大反应速度一半时所需底物浓度,因此,可测定一系列不同底物浓度的反应速度v,以v对$[S]$作图。当$v = \frac{v_{max}}{2}$时,其相应底物浓度即为K_m。

②以$\frac{1}{v}$对$\frac{1}{[S]}$作图:

取米氏方程的倒数式

$$\frac{1}{v}=\frac{K_m+[S]}{v_{max}[S]}=\frac{K_m}{v_{max}[S]}+\frac{[S]}{v_{max}[S]},\ \frac{1}{v}=\frac{K_m}{v_{max}}\times\frac{1}{[S]}+\frac{1}{v_{max}}$$

以$\frac{1}{v}$对$\frac{1}{[S]}$作图可得一条直线，其斜率为$\frac{K_m}{V}$，截距为$\frac{1}{V}$。若将直线延长与横轴相交，则该交点在数值上等于$-\frac{1}{K_m}$。

（2）胰蛋白酶能专一地水解苯甲酰精氨酰胺的酰胺键而放出氨，释放的氨可用奈氏试剂定量测定，从标准曲线查知氨的量（μmol），以单位时间内释出氨的量（μmol）表示反应速度。

NH
C═NH
NH
$(CH_2)H_3$
CH—NH—C
C═O
O—C_2H_5

胰蛋白酶，Ca^{2+}
pH 8.0

NH
C═NH
NH
$(CH_2)H_3$
CH—NH—C
C═O
O—C_2H_5

+ C_2H_5OH
乙醇

三、实验器材

测氨瓶（×7），容量瓶 10 mL（×14）、100 mL（×1），吸管 0.50 mL（×1），1.0 mL（×4），2.0 mL（×1），5.0 mL（×3），烧杯 10 mL（×15），试管 1.5 cm×15 cm（×7），水浴锅，电子分析天平，紫外可见分光光度计。

四、实验试剂

（1）0.5 mol/L，pH=8.0 的 Tris -HCl 缓冲液。

（2）苯甲酰精氨酰胺（BAA）溶液：称取苯甲酰精氨酰胺盐酸盐（$C_3H_{19}N_5O_2\cdot H_2O$，$M_r$331. 5）1. 66 g，溶于蒸馏水并定容至 50 mL。

（3）胰蛋白酶液：用 Tris-HCl（pH8. 0）缓冲液配成每毫升含胰蛋白酶 2.5 mg 的溶液。

(4)2 mol/L 氢氧化钠溶液。

(5)饱和K_2CO_3溶液。

(6)奈氏试剂:0.09 mol/L碘化汞钾与2.5 mol/L氢氧化钾的混合溶液。

五、操作步骤

1. 实验操作

(1)进行本试验前,应先将恒温水浴调至37 ℃,恒温箱调至40 ℃备用;

(2)将7支测氨瓶编以0~6号,于每一测氨瓶中隔的左边加入饱和K_2CO_3溶液1.0 mL;取清洁干燥试管7支,也编以0~6号;0号管作空白试验;

(3)加入1.0 mL蒸馏水,1~6号管依次加入不同浓度苯甲酰精氨酰胺溶液1 mL(0.5×10^{-2}~8.0×10^{-2} mol/L);

(4)37 ℃保温5 min,每隔1 min依次向各管加入已保温至37 ℃的酶液1.0 mL;

(5)按(4)所述同样间隔时间,依次从各试管取反应液0.4 mL置测氨瓶中格的另一边(注意勿使与饱和K_2CO_3溶液接触!);

(6)将带有橡皮塞的玻棒蘸上0.5 mol/L H_2SO_4,塞紧测氨瓶口,轻摇测氨瓶,使反应液和饱和K_2CO_3溶液相混,立即置40 ℃恒温箱保温1 h;

(7)保温结束,小心将带塞玻棒由测氨瓶取下,将玻棒放在编有同样号码的10 mL烧杯中,用4.0 mL奈氏试剂冲洗玻棒蘸有H_2SO_4的一端;

(8)加入2 mol/L NaOH溶液3.0 mL搅匀,溶液呈黄色。放置15 min,比色,测$A_{430\ nm}$。

2. 数据计算

根据标准曲线求得各管释出氨的量(μmol),再由测定结果。

(1)计算出不同底物浓度的反应速度。

(2)以v对$[S]$作图,求出牛胰蛋白质酶的K_m。

(3)以$\frac{1}{v}$对$\frac{1}{[S]}$作图,求出牛胰蛋白酶的K_m。

3. 氨标准曲线的绘制

(1)标准液的配制。

将硫酸铵[A.R.分子量=132,此$(NH_4)_2SO_4$溶液为0.005 mol/L,NH_4^+浓度为0.01 mol/L

(或10 mmol/L)]于110 ℃烤2 h，转移至干燥器中冷至室温，准确称取66.0 mg，溶于蒸馏水中，定容至100 mL(容量瓶)。再取10 mL容量瓶7支，编号，按表8-7稀释成各种浓度。

表8-7 胰蛋白酶米氏常数的测定——标准曲线的绘制

瓶号	标准液/mL	蒸馏水	稀释后NH_4^+的浓度/$mmol\cdot L^{-1}$
1	1.0	加至刻度	1.0
2	1.5	加至刻度	1.5
3	2.0	加至刻度	2.0
4	2.5	加至刻度	2.5
5	3.0	加至刻度	3.0
6	3.5	加至刻度	3.5
7	4.0	加至刻度	4.0

(2) 测定及绘制曲线。

取测氨瓶8支，编以0号、1号、2号、4号、5号、6号、7号，于中格的左边各加饱和K_2CO_3溶液1.0 mL。0号瓶为空白试验，中格右边加蒸馏水0.5 mL，1~7号瓶依次加入不同浓度的标准氨溶液0.5 mL。将带有橡皮塞的玻棒蘸上0. 5 mol/L H_2SO_4溶液后，立即塞紧。摇动测氨瓶，使中隔两边的溶液相混。然后将8支测氨瓶置40 ℃温箱中保温1 h。

将8支10 mL烧杯编号，小心取出测氨瓶的带塞玻棒，对号放在小烧杯中，用4.0 mL奈氏试剂(1∶1稀释)洗下玻棒上的氨，用紫外可见分光光度计测$A_{430\ nm}$。

以氨含量为横坐标，$A_{430\ nm}$为纵坐标作图。

六、结果与分析

(1)催化可逆反应的酶，正逆两向底物的K_m往往是不同的。测定这些K_m值的差别以及细胞内正逆两向底物的浓度，可以大致推测该酶催化正逆两向反应的效率，这对了解酶在细胞内的主要催化方向及生理功能有重要意义。

(2)已知某个酶的K_m，可计算出在某一底物浓度时，某反应速度相当于v_{max}的百分率。

【注意事项】

1. 所有反应器皿均须清洗干净，确保不含氨或铵离子。
2. 在实验操作的同时要进行相关的推导和计算，明确1/[S]的截距与K_m关系。

思考题

1. 为何要将玻璃棒蘸上H_2SO_4，且所蘸H_2SO_4溶液不能过多，否则会出现什么后果？
2. 饱和K_2CO_3溶液的作用是什么？
3. 本实验误差来源有哪些？

实验 8-4
碱性磷酸酶 K_m 值测定

一、实验目的

（1）了解碱性磷酸酶的作用机制和用途。

（2）掌握碱性磷酸酶活性测定的原理与方法。

二、实验原理

碱性磷酸酶(Alkaline phosphatase，简称ALP或AKP，EC 3.1.3.1)是一类水解酶，可催化核苷酸、蛋白质、生物碱等分子除去磷酸基，由于其在碱性环境下酶活性最高而得名。以不同浓度的磷酸苯二钠作为碱性磷酸酶的底物，在最适条件下(pH=10.0，37 ℃)，准确反应15 min，产物酚可以与酚试剂作用生成蓝色化合物，该蓝色化合物在650 nm波长进行比色测定，色泽深浅与光密度成正比。反应式如下：

$$C_6H_5OPO(ONa)_2 + H_2O \xrightarrow[\text{pH = 10，37 ℃}]{\text{碱性磷酸酶}} C_6H_5OH + Na_2HPO_4$$

$$C_6H_5OH + \text{酚试剂(磷钼钨酸)} \xrightarrow{OH^-} \text{蓝色化合物}$$

酶的反应速度受到环境因素的影响，这些因素包括底物浓度、酶浓度、pH、温度、激活剂、抑制剂等。1913年Michaelis和Menten提出反应速度与底物浓度关系的数学方程式，即米-曼氏方程式(Michaelis-Menten equation)。

$$v = \frac{v_{max} \cdot [S]}{K_m + [S]}$$

式中，$[S]$——底物浓度

v——不同[S]时的反应速度；

v_{max}——最大反应速度（Maximum velocity）；

K_m——米氏常数（Michaelis constant）。

K_m值推导：当反应速度为最大反应速度一半时，如图8-1所示。

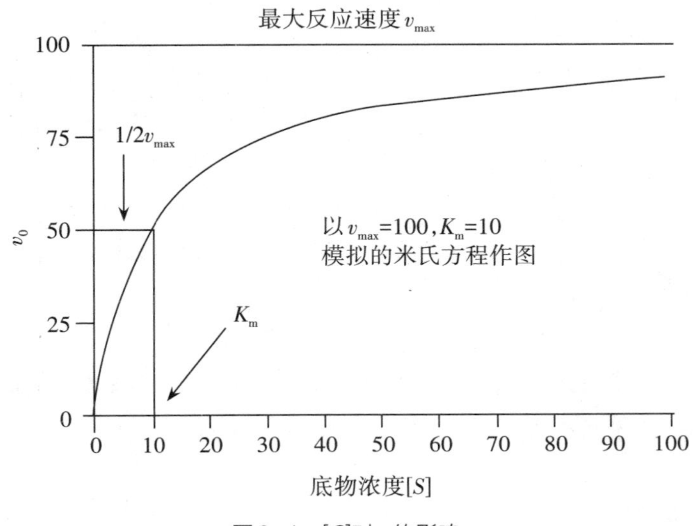

图8-1　[S]对v的影响

K_m值等于达到1/2最大反应速度时的底物浓度，因此K_m值的生物学意义为以下几点：

（1）K_m是酶的特征性常数之一；

（2）K_m可近似表示酶对底物的亲和力；

（3）同一酶对于不同底物有不同的K_m值。

因此，推导酶的K_m值的关键在于v_{max}的确定，v_{max}是酶完全被底物饱和时的酶促反应速度，与酶浓度成正比，通常采用双倒数作图法（double reciprocal plot）来推导v_{max}的理论值（图8-2），其基本原理如下。

根据米-曼氏方程两边取倒数可将公式变形为林-贝（Lineweaver-Burk）方程：

$$\frac{1}{v}=\left(\frac{K_m}{v_{max}}\right)\frac{1}{[S]}+\frac{1}{v_{max}}$$

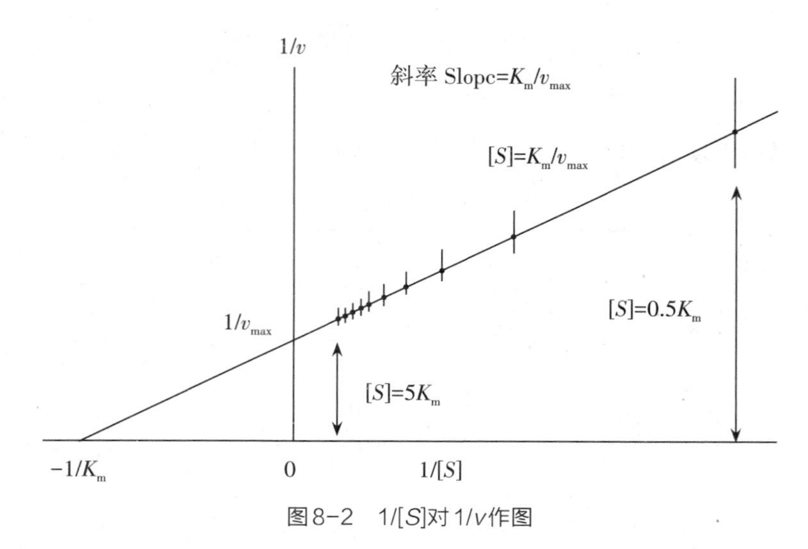

图8-2 1/[S]对1/v作图

以吸光度直接表示不同底物浓度时的酶反应速度，即以吸光度的倒数作纵坐标，以底物浓度的倒数作横坐标，按Lineweaver-Burk作图法求出K_m值。

三、实验用品

1.试剂

（1）酚试剂（磷钼钨酸）；

（2）2.5 mmol/L 磷酸苯二钠基质液：称取磷酸苯二钠635 mg，用蒸馏水溶解后定容至1000 mL；

（3）碳酸盐缓冲液：称取无水Na_2CO_3 6.36 g和$NaHCO_3$ 3.36 g，先以适量蒸馏水溶解，再定容至1000 mL；

（4）碱性磷酸酶液：称取碱性磷酸酶1 mg，加水3~4 mL，置于冰箱可保存5周左右；

（5）10%碳酸钠：将10 g碳酸钠加蒸馏水定容至100 mL。

2.器材

分析天平、1 mL移液器及吸头、试管、分光光度计等。

四、实验内容

表8-8　碱性磷酸酶反应体系

试剂	管号					
	1	2	3	4	5	6
2.5 mmol/L磷酸苯二钠/mL	0.2	0.4	0.6	0.8	1.0	1.0
蒸馏水/mL	0.8	0.6	0.4	0.2	—	—
碱性缓冲液/mL	1.0	1.0	1.0	1.0	1.0	1.0
混匀后，37 ℃水浴5 min						
碱性磷酸酶/mL	0.1	0.1	0.1	0.1	0.1	—
混匀后，37 ℃水浴15 min（准确计时）						
酚试剂/mL	1.0	1.0	1.0	1.0	1.0	1.0
碱性磷酸酶/mL	—	—	—	—	—	0.1
10%碳酸钠/mL	3.0	3.0	3.0	3.0	3.0	3.0
混匀，37 ℃水浴15 min，以第6号管为空白管，读取650 nm各管的光密度						
A_{650}						

五、实验结果

实验数据及结果记录至表8-9：

表8-9　实验结果记录表

管号	A_{650}	$1/A_{650}$	$[S]$	$1/[S]$
1				
2				
3				
4				
5				

以上述数据双倒数作图，求出碱性磷酸酶的K_m值。

底物浓度$[S]$的计算方法：$[S]$=2.5 mmol/L×各管取磷酸苯二钠 mL数/2.1 mL

以$1/A_{650}$为纵坐标，以$1/[S]$为横坐标，按照双倒数作图曲线作图，求出碱性磷酸酶的K_m值。

碱性磷酸酶的K_m值：横轴截距=$-1/K_m$。

K_m的一般情况下值为10^{-6}~10^{-2} mol/L。

【注意事项】

1. 加入碱性磷酸酶液的量要准确，否则误差较大。

2. 保温时间要准确。

3. 酚试剂为显色试剂，同时为酶的变性剂，故加入酚试剂后酶促反应即停止。

4. Na_2CO_3提供碱性环境，加入Na_2CO_3后，试剂才显色，37 ℃水浴使显色更充分。

5. 由于蛋白质也可以使酚试剂显色，故6号管也显蓝色，但是颜色不应深于1号管。

思考题

1. K_m值的定义和意义是什么？

2. 米氏方程度表达式是什么，如何求出v_{max}和K_m？

【拓展资源】

学习硝基苯磷酸为底物测定碱性磷酸酶活性的原理。

学习硝基苯磷酸(p-nitrophenyl phosphate, pNPP)是一种常用的磷酸酶显色底物，碱性条件下，可在ALP作用下生成对硝基苯酚(p-nitrophenol, pNP)，pND在碱性环境下呈黄色，并在405 nm处可检测到最大吸收峰。产物黄色越深，说明ALP活性越高，反之则活性越低。因此，通过检测A_{405}吸光值即可计算ALP活性水平。

实验 8-5
小麦萌发前后淀粉酶活力的测定

一、实验目的

(1)掌握从植物材料中分离淀粉酶的方法。

(2)掌握利用分光光度计测定淀粉酶活性的方法。

二、实验原理

淀粉酶是能够分解淀粉糖苷键的一类酶的总称,麦芽中主要含有α-淀粉酶和β-淀粉酶,其中α-淀粉酶又称淀粉1,4-糊精酶,能够切开淀粉链内部的α-1,4-糖苷键,以随机作用方式切断淀粉、糖原、寡聚或多聚糖分子内的葡萄糖苷键,产生麦芽糖、低聚糖和α-1,4 葡萄糖。β-淀粉酶(β-Amylase)又称为麦芽糖苷酶,是一种外切酶,系统名称为 1,4-α-*D*-葡聚糖麦芽糖水解酶(1,4-α-*D*-Glucanmaltohydrolase,EC.3.2.1.2),作用于淀粉糖链非还原端的α-1,4-糖苷键,顺次切下麦芽糖单位。除了α-淀粉酶和β-淀粉酶外,还有异淀粉酶和葡萄糖淀粉酶。异淀粉酶又称淀粉α-1,6-葡萄糖苷酶(脱支酶)/分支酶,此酶作用于支链淀粉分子分支点处的α-1,6-糖苷键,将支链淀粉的整个侧链切下变成直链淀粉。葡萄糖淀粉酶是从底物的非还原性末端将葡萄糖单位水解下来。淀粉酶催化产生的还原糖能使3,5-二硝基水杨酸(3,5-Dinitrosalicylic acid,DNS)还原,生成棕红色的3-氨基5-硝基水杨酸。其反应式如下:

COOH, OH, NO_2, NO_2 +还原糖 $\xrightarrow[\text{碱性}]{\text{加热}}$ COOH, OH, NO_2, NH_2

3,5-二硝基水杨酸　　　　3-氨基5-硝基水杨酸

酶活力也称酶活性,是以酶在最适温度、最适 pH 等条件下,催化一定的化学反应

的初速度来表示。本实验是以一定量的淀粉酶液，于37 ℃、pH=5.6的条件下，在一定的初始作用时间里将淀粉转化为还原糖（麦芽糖），然后通过与DNS试剂作用，比色测定，求得还原糖的生成量，从而计算出酶反应的初速度，即酶的活力。这里规定，一个淀粉酶活力单位定义为在37 ℃、pH=5.6的条件下，每5 min水解淀粉生成1 mg还原糖所需的酶量。

三、实验用品

1. 实验材料

发芽3天的小麦，以没有发芽的小麦种子作为对照。

2. 试剂及配制方法

（1）淀粉溶液（1%）：称取1.0 g可溶性淀粉后，加入刚煮沸的水100 mL。

（2）1% 3，5-二硝基水杨酸试剂（DNS试剂）：精确称取3，5-二硝基水杨酸1 g，溶于20 mL 2 mol/L NaOH溶液中，加入50 mL蒸馏水，再加入30g酒石酸钾钠，待溶解后用蒸馏水定容至100 mL。盖紧瓶塞，勿使CO_2进入。若溶液浑浊可过滤后使用。

（3）柠檬酸缓冲液（0.1 mol/L，pH=5.6）

A液：（0.1 mol/L柠檬酸）：称取$C_6H_8O_7 \cdot H_2O$ 21.01 g，用蒸馏水溶解并定容至1 L。

B液：（0.1 mol/L柠檬酸钠）：称取$Na_3C_6H_5O_7 \cdot 2H_2O$ 29.41 g，用蒸馏水溶解并定容至1 L。

取A液55 mL与B液145 mL混匀，即为0.1 mol/L pH5.6的柠檬酸缓冲液。

（4）标准麦芽糖溶液（2 mg/mL）：精确称取200 g麦芽糖，用蒸馏水溶解并定容至100 mL。

3. 器材

电子天平、分光光度计、离心机、移液器等。

四、实验内容

1.淀粉酶的制备

分别称取1 g萌发3天和未萌发的小麦种子，置于研钵中，加少量石英砂和2 mL 0.1 mol/L柠檬酸缓冲液（pH=5.6），研磨至匀浆。匀浆导入离心管中，加6 mL 0.1 mol/L pH5.6柠檬酸缓冲液分次将残渣洗入离心管。提取液在室温下放置15~20 min，每隔几分钟搅动一次，然后在3000 r/min下离心10 min，将上清液保存备用。将提取的酶液用0.1 mol/L pH=5.6柠檬酸缓冲液定容至100 mL（淀粉酶原液），再取2 mL淀粉酶原液用0.1 mol/L pH=5.6柠檬酸缓冲液稀释至10 mL（淀粉酶稀释液）。

2.麦芽糖标准曲线的制作

取7支干净的具塞刻度试管，如表8-10加入试剂。

表8-10 麦芽糖标准曲线制定

试剂	管号						
	1	2	3	4	5	6	7
麦芽糖标准液/mg·mL^{-1}	0	0.2	0.6	1.0	1.4	1.8	2.0
蒸馏水/mL	2.0	1.8	1.4	1.0	0.6	0.2	0
3,5-二硝基水杨酸/g·mL^{-1}	2.0	2.0	2.0	2.0	2.0	2.0	2.0
麦芽糖含量/mg	0	0.2	0.6	1.0	1.4	1.8	2.0
OD值（A_{540}）							

摇匀，置沸水中煮沸5 min，取出后流水冷却，加蒸馏水定容至20 mL。于540 nm测吸光值，以麦芽糖含量为横坐标，吸光度值为纵坐标，绘制标准曲线。

3、淀粉酶活力的测定

取9支（1、2、3为对照，4、5、6为未萌发小麦种子，7、8、9为萌发小麦种子）干净的具塞刻度试管，按表8-11和以下步骤加入试剂。

表8-11 麦芽糖含量

试剂	管号								
	1	2	3	4	5	6	7	8	9
置70 ℃水浴中15 min，取出后在流水中冷却，钝化β-淀粉酶									
淀粉酶原液/mL	0	0	0	1.0	1.0	1.0	1.0	1.0	1.0
40 ℃恒温水浴保温10 min									
淀粉酶稀释液/mL	0	1.0	1.0	0	1.0	1.0	0	1.0	1.0
水/mL	1.0	0	0	1.0	0	0	1.0	0	0
40 ℃水浴保温5 min									
3,5-二硝基水杨酸/mL	2.0	2.0	2.0	2.0	2.0	2.0	2.0	2.0	2.0
OD值（A_{540}）									

摇匀，置沸水中水浴5 min，取出后用流水冷却，加蒸馏水定容至20 mL。用1、4、7做对照，分别测定2、3、5、6、8、9在540 nm处的吸光值。

六、结果与分析

绘制麦芽糖的标准曲线。用2和3、5和6、8和9计算吸光度平均值，在标准曲线上查出相应的麦芽糖含量(mg)，再按下式计算淀粉酶的活力。

注意：一个淀粉酶活力单位定义为在37 ℃、pH=5.6的条件下，每5 min水解淀粉生成1 mg还原糖所需的酶量。

α-淀粉酶活力[麦芽糖毫克数/样品鲜重(g)•5 min]=

$$\frac{\text{麦芽糖含量（mg）}\times\text{淀粉酶原液总体积（mL）}}{\text{样品量(g)}}$$

(α+β)-淀粉酶总活力[麦芽糖毫克数/样品鲜重(g)•5 min]=

$$\frac{\text{麦芽糖含量(mg)}\times\text{淀粉酶原液总体积(mL)}\times\text{稀释倍数}}{\text{样品量(g)}}$$

β-淀粉酶总活力=(α+β)-淀粉酶总活力-α-淀粉酶的活力

麦芽糖含量从标准曲线上查得麦芽糖的毫克数原液体积为100 mL，稀释倍数为20。

【注意事项】

1. 样品提取物的定容体积和酶液稀释倍数可根据不同的材料酶活性的大小而定。

2. 为了确保酶促反应时间的准确性，在进行保温这一步骤时，可以将各试管每隔一定时间依次放入恒温水浴，准确记录时间，到达5 min时取出试管，立即加入3,5-二硝基水杨酸以终止酶反应，以便尽量减少因各试管保温时间不同引起的误差。同时恒温水浴温度变化应不超过±0.5 ℃。

3. 如果条件允许，各实验小组可采用不同的材料，例如萌发1 d、2 d、3 d、4 d的小麦种子，比较测定结果，以了解萌发过程中这两种淀粉酶活性的变化。

思考题

1. 为什么要将试管中的淀粉酶原液置 70 ℃水浴中保温 15 min?

2. 为什么要将各试管中的淀粉酶原液和 1% 淀粉溶液分别置于 40 ℃水浴中保温?

3. 酶活力测定实验的总体设计思路和关键步骤是什么?

实验 8-6 超氧化物歧化酶的分离纯化及活性鉴定

一、实验目的

(1)掌握超氧化物歧化酶的提取方法。

(2)学习离子交换柱层析法纯化超氧化物歧化酶的步骤。

(3)掌握超氧化物歧化酶活性测定的方法。

二、实验原理

超氧化物歧化酶(Superoxide dismutase,SOD)是广泛存在于生物体内的含Cu、Zn、Mn、Fe的金属酶,是生物抗氧化酶类的重要成员。它作为生物体内重要的自由基清除剂,可以清除体内多余的超氧阴离子,在防御生物体氧化损伤方面起着重要作用,被称为生物体抗氧化系统的第一道防线。它以超氧阴离子作为底物并催化其发生歧化反应,从而清除对机体有害的超氧自由基。其催化机理如下:

$$\text{SOD(氧化型)} + O_2^{\cdot -} \longrightarrow \text{SOD}^-\text{(还原型)} + O_2$$

$$\text{SOD}^-\text{(还原型)} + O_2^{\cdot -} + 2H^+ \longrightarrow \text{SOD(氧化型)} + H_2O_2$$

$$\text{总反应}: 2O_2^{\cdot -} + 2H^+ \longrightarrow O_2 + H_2O_2$$

SOD是一种酸性蛋白,对热、pH和蛋白酶的水解较一般酶更稳定。根据金属辅基的不同,它可以分为四类,分别为Mn-SOD、Cu/Zn-SOD、Fe-SOD、Ni-SOD,其中最常见是Cu/Zn-SOD,主要存在于真核细胞的细胞质中。Cu/Zn-SOD酶蛋白的分子量约为32 kD,每个酶分子由2个亚基通过非共价键的疏水基相互作用缔合成二聚体,每个亚基(肽链)含有铜、锌原子各一个,活性中心的核心是铜。SOD作为机体内最重要的抗氧化酶体之一,可以直接清除过量的超氧自由基,阻止机体的过氧化,对机体有较高的防护价值。

SOD的提取主要是去除原材料中的杂蛋白。目前,常用的蛋白质沉淀方法主要有盐析法、有机溶剂沉淀法、等电点沉淀法、非离子多聚物沉淀法、生成盐复合物法、选择性的变性沉淀、亲和沉淀及SIS聚合物与亲和沉淀等。其中,有机溶剂沉淀法一直以来是规模化浓缩蛋白质常用的方法,已广泛应用于生产蛋白质制剂。有机溶剂沉淀中常用的有机溶剂有乙醇、丙酮等。这种方法的优点是:有机溶剂密度较低,易于沉淀分离;与盐析法相比,分辨能力高,沉淀不需脱盐处理,应用更广泛。

酶活力测定可用以下方法:黄嘌呤氧化酶法、细胞色素C法、肾上腺素自氧化法、亚硝酸法、NBT光还原法、化学发光法以及邻苯三酚自氧化法等。1961年国际酶学会议规定:1个酶活力单位(1 U,active unit)是指在特定条件(25 ℃,其他为最适条件)下,在1 min内能转化1 μmol底物的酶量,或是转化底物中1 μmol的有关基团的酶量。

本实验采用有机溶剂沉淀法,以新鲜猪血为原料,从中提取SOD并进行纯化,然后采用邻苯三酚自氧化法测定所得SOD酶活性。

三、实验用品

1. 材料

新鲜猪血。

2. 试剂

(1)3.8%柠檬酸三钠:称取38 g柠檬酸三钠用1 L蒸馏水溶解备用。

(2)0.9%氯化钠:称取9 g氯化钠用1 L蒸馏水溶解备用。

(3)pH = 7.6的2.5 mmol/L K_2HPO_4-KH_2PO_4缓冲液(缓冲液Ⅰ):

首先精确吸取配制好的0.1 mol/L K_2HPO_4 (86.6 mL)和0.1 mol/L KH_2PO_4 (13.4 mL)定容至1000 mL,然后取250 mL稀释至1000 mL即可。用盐酸或KOH校准至pH = 7.6。

(4)50 mmol/L pH 7.8磷酸缓冲液:

精确吸取配制好的1 mol/L K_2HPO_4 (90.8 mL)和1 mol/L KH_2PO_4 (9.2 mL)定容至2000 mL,用盐酸或KOH校准至pH = 7.8。

(5)10 mmol/L EDTA二钠盐溶液:称取3.3621 g乙二胺四乙酸二钠,用蒸馏水溶解,定容至1 L。

(6)3 mmol/L邻苯三酚溶液:称取0.3783 g邻苯三酚,用适量蒸馏水溶解后定容至1 L。

(7)pH=8.2、50 mmol/L Tris-HCl:称取Tris 0.61 g,EDTA-2Na 0.037 g,用超纯水(或双蒸水)溶解至80 mL左右,用HCl调节pH = 8.20(用pH计校正),最后定容至100 mL。

其他试剂有考马斯亮蓝G-250、牛血清白蛋白、DEAE纤维素DE-32和分析纯95%乙醇或无水乙醇、氯仿、丙酮等常用试剂。

3. 器材(设备)

高速冷冻离心机、电热恒温水浴锅、超声波细胞粉碎机、离心机、布氏漏斗、抽滤瓶、循环水真空泵、超纯水机、紫外可见分光光度计(或酶标仪)、磁力加热搅拌器、层析柱(2.5 cm × 25 cm)、梯度洗脱仪、试管、透析袋、分析天平、带塞试管、刻度吸管、烧杯、量筒、离心管、注射器等。

四、实验内容

(一) 超氧化物歧化酶的提取

1.从猪血中提取SOD

(1)分离红细胞:

取新鲜猪血,加入到3.8%柠檬酸三钠抗凝液中,新鲜猪血与抗凝液的比例为3:1,轻轻搅拌均匀,4000 r/min离心20 min,收集红细胞。

(2)除血红蛋白:

细胞球用3倍体积0.9%氯化钠溶液洗涤,4000 r/min离心20 min,重复三次,然后向洗净的细胞球加入1~1.1倍体积去离子水,搅拌溶血30 min,再向溶血液中分别缓慢加入0.25倍体积的预冷95%乙醇和0.15倍体积的预冷氯仿,剧烈搅拌15 min左右,静置1 h,然后4000 r/min离心20 min除去变性血红蛋白沉淀,取上清液,过滤,收集滤液(记录体积,测定酶活性和蛋白浓度)。

(3)热变性:

上清液加热到65 ℃,保温10 min,然后迅速冷却到室温,3000 r/min离心20 min,弃去沉淀物,收集上清液(记录体积,测定酶活性和蛋白浓度)。

(4)沉淀:

收集的上清液在冰盐浴(NaCl和碎冰按1:3混合)中冷却,然后在-5 ℃以下,加入1.5倍量预冷丙酮,边加边搅拌均匀,即有白色沉淀产生,静置2~3 min,迅速抽滤,弃去滤液得肉色沉淀。沉淀物用少量蒸馏水溶解，4000 r/min离心20 min，除去不溶物，溶液装入透析袋，用pH=7.6的2.5 mmol/L K_2HPO_4-KH_2PO_4缓冲液透析，即得粗SOD溶液（记录体积并测定蛋白浓度）。

2. 考马斯亮蓝G-250染色法测定SOD提取液中蛋白质含量

（1）标准曲线制作。

取6支试管编号，按表8-12加入各种试剂。

表8-12 蛋白质含量测定标准曲线制作加样

试剂	管号					
	1	2	3	4	5	6
牛血清蛋白标准液/mL	0	0.2	0.4	0.6	0.8	1
蒸馏水/mL	1.0	0.8	0.6	0.4	0.2	0
考马斯亮蓝/mL	5	5	5	5	5	5
蛋白质含量/μg	0	20	40	60	80	100

加完样品后盖上塞子，摇匀，放置2~3 min，在595 nm下测定吸光度值，所有测定在1 h内完成。以牛血清蛋白（μg）为横坐标，吸光度为纵坐标，绘制标准曲线，求出回归方程。

（2）样品中蛋白质含量测定。

将待测的SOD提取液稀释到一定浓度，取一支具塞试管，移液枪加入0.1 mL样品提取液，加入0.9 mL蒸馏水和考马斯亮蓝试剂，其余操作同上，测定吸光度。

（3）蛋白质含量计算。

根据所测样品提取液的吸光度，再用标准曲线计算样品中蛋白质浓度，并通过稀释倍数和样品体积计算蛋白质含量和提取率。

（二）离子交换柱层析纯化超氧化物歧化酶

1.DEAE-纤维素的预处理

（1）称取5 g DE-32，加入盛有75 mL的0.5 mol/L HCl的烧杯中，室温放置30 min，不时轻轻搅拌。

（2）将糊状物移入3号砂芯漏斗中，用蒸馏水淋洗。如此重复，每加一次去离子水，浸泡一段时间，再进行抽滤，至洗涤液pH等于4即可（pH试纸测定）。

（3）将糊状物移入烧杯中，加入75 mL 0.5 mol/L NaOH，放置30 min，不时轻轻搅拌，弃去上清液，再用0.5 mol/L NaOH处理一次。

（4）将交换剂移入3号砂芯漏斗中，反复用去离子水淋洗，直至洗涤液pH为8.0（pH试纸检测）。

（5）将DEAE-纤维素浸泡在150 mL去离子水中。用0.5 mol/L HCl调pH至7.6，有条件的实验室滴定可用pH计进行测定，且悬液最终pH在10 min内无变化，然后抽滤。

（6）将上述滤块置于100 mL量筒中，加入75 mL pH为7.6的2.5 mmol/L K_2HPO_4-KH_2PO_4，慢慢搅混之后，静置20 min，用倾斜法除去上清液中细微粒子，如此重复若干次，最后上清液pH为7.6。

2.装柱

（1）层析柱用洗涤液洗净，柱的下端连接塑料管，装上螺旋夹。关上螺旋夹，柱内装入pH为7.6的2.5 mmol/L K_2HPO_4-KH_2PO_4，微开螺旋夹。让缓冲液缓慢流出，赶走死区及塑料管中的气泡，柱中保留少量缓冲液，关闭螺旋夹。

（2）将基本平衡好的DEAE-纤维素浆液放在抽滤瓶中减压除尽气泡，然后沿管壁倒入柱中，待沉降至床高约1 cm高度时，部分旋松螺旋夹，让溶液缓慢流出去，注意此时的流速要比正常洗脱时的流速慢，陆续加入较多的浆液，直至达到高10 cm以上的柱床体积。

3.平衡

当全部交换剂装入柱中后，用上柱起始缓冲液进行平衡。流速可维持在4 mL/15 min，直至流出液的pH与上柱缓冲液完全相同（一般要平衡8 h以上或过夜）。

4.上样

用毛细吸管小心吸去交换剂上面大部分液体，打开出口使pH为7.6的2.5mmol/L K_2HPO_4-KH_2PO_4流到柱床表面，关闭出口。用毛细吸管小心地沿柱壁四周缓缓加入SOD粗酶液，打开出口，使样品溶液进入纤维素内，至几乎露出床面时，柱壁用少量缓冲液小心洗涤2~3次，然后装入缓冲液Ⅰ（2.5 mmol/L K_2HPO_4-KH_2PO_4），使液面高出柱床面2~3 cm。

5.洗脱

（1）按图8-3将梯度洗脱器和层析柱连接好。

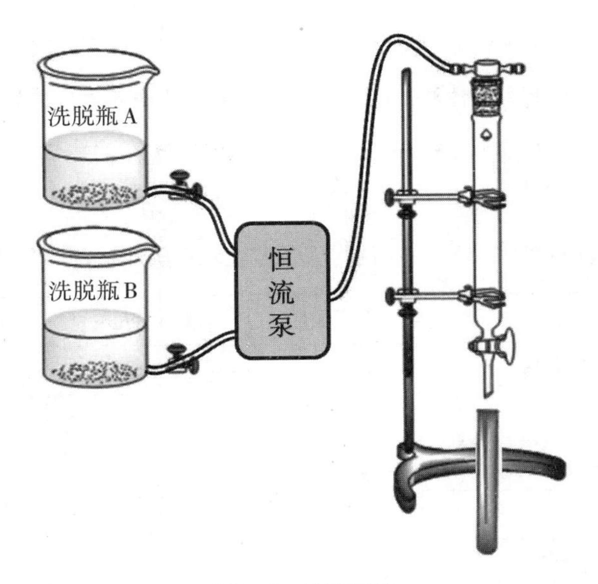

图8-3　洗脱装置

(2)在洗脱瓶 A 和洗脱瓶 B 内各装入 100 mL pH 为 7.6 的 2.5 mmol/L K_2HPO_4-KH_2PO_4(缓冲液Ⅰ)和200 mmol/L K_2HPO_4-KH_2PO_4(缓冲液Ⅱ),注意两洗脱瓶,特别是液面应处于同一水平面,同时应排除连接管内气泡。

(3)将洗脱瓶和柱上下连接管道开关打开,设置恒流泵缓冲液比例为1:1、流速为1.5 mL/min,以一倍柱体积为单位,收集洗脱液,测定蛋白质浓度和酶活性。

(4)收集合并具有SOD活性部分的洗脱液,透析浓缩后冷冻干燥即得纯化SOD(淡蓝绿色产品)。

(三)邻苯三酚自氧化法测定SOD酶活

1.邻苯三酚自氧化速率测定

按表2自氧化管加样。取4.5 mL 50 mmol/L pH=8.2的磷酸缓冲液,4.2 mL蒸馏水和1 mL 10 mmol/L的EDTA溶液,混匀后在25 ℃水浴保温20 min,取出后立即加入25 ℃预热过的邻苯三酚溶液0.3 mL,迅速摇匀,倒入光程为1 cm的石英比色皿内,用10 mmol/L HCl作空白,420 nm波长下每隔30 s测吸光度值一次,整个操作在4 min内完成,计算出每分钟 A_{420} 的增值,此即为邻苯三酚自氧化率。要求自氧化速率控制在每分钟的光吸收值在0.07左右。

2.酶活力测定

按表8-13酶活管加样，操作与上面相同，加入邻苯三酚前，先加入一定体积的SOD样液，蒸馏水则减少相应的体积，测其吸光度值，计算加酶后邻苯三酚自氧化率。如果测定发现SOD活性过高，可以对酶液进行适当稀释。

表8-13 邻苯三酚自氧化法测定SOD酶活试剂用量表

试剂	自氧化管/mL	酶活管/mL	终浓度/$mmol \cdot L^{-1}$
pH 8.2，50 mmol/L的PBS	4.5	4.5	22.5
蒸馏水	4.2	4.0	—
10 mmol/L EDTA溶液	1.0	1.0	1.0
SOD酶液	—	0.2	
3 mmol/L邻苯三酚溶液	0.3	0.3	0.09
总量	10.0	10.0	—

3.酶活性单位的计算

根据酶活性单位的定义，按下列公式计算酶活性：

$$酶活(U \cdot mL^{-1}) = \frac{\frac{A_0 - A_M}{A_0} \times 100\%}{50\%} \times 反应液总体积 \times \frac{样液稀释倍数}{样液体积}$$

式中：A_0——邻苯三酚自氧化率；

A_M——加酶后邻苯三酚自氧化率。

总酶活力(U)=单位酶活×酶原液总体积

【要点提示】

1.在SOD提取和粗纯化实验中，获取红细胞不能产生凝血现象，而在溶血提取SOD时要保证溶血充分，让SOD充分溶出。在后续乙醇-氯仿除去血红蛋白和热变性除杂蛋白要充分。

2.在进行离子交换柱层析法纯化SOD时，DEAE-纤维素活化和柱平衡要充分，装柱时尽量均匀。在上样时要控制好上样量，且保持上样均匀。

3.本实验利用超氧化物歧化酶的解离性质，在一定缓冲液条件下与离子交换纤维素吸附和解吸的能力不同于溶液中杂蛋白，进而除去杂蛋白，实现纯化。

4. 邻苯三酚在碱性条件下，能迅速自氧化，释放出O^{2-}，生成带色的中间产物，中间产物的积累在滞留30~45 s后与时间呈线性关系，通常线性时间维持在4 min内，中间产物在420 nm波长处有强烈吸收。当有SOD存在时，由于它能催化O^{2-}与H^+结合生成O_2和H_2O_2，从而阻止了中间产物的积累。因此，通过计算即可求出SOD的酶活性。

【注意事项】

1. 在溶血时要控制好搅拌，避免离心管中的血液出现大量的气泡影响后续实验。
2. 乙醇–氯仿和热变性除杂蛋白要充分。
3. 层析柱装柱要均匀，上样均匀且尽量保证上样带窄。
4. 在进行SOD活性测定时，必须保证显色后吸光度测定在4 min内完成。

思考题

1. 何谓保护酶系统？SOD的主要功能是什么？
2. 为什么可以选用离子交换树脂柱层析法纯化SOD？
3. 邻苯三酚法测定SOD活性原理是什么？

实验8-7 琼脂糖凝胶电泳法分离乳酸脱氢酶同工酶

一、实验目的

(1)掌握电泳法分离、测定血清乳酸脱氢同工酶的基本原理。

(2)学习电泳法分离血清乳酸脱氢同工酶的操作方法。

(3)了解琼脂糖凝胶电泳在蛋白质分离中的应用。

二、实验原理

乳酸脱氢酶(Lactate dehydrogenase,简称为LDH)的国际酶分类编号EC(1.1.1.27),在NAD^+存在下催化乳酸脱氢形成丙酮酸或使丙酮酸还原成乳酸。LDH广泛存在于人体各组织中,检测血清中LDH总活性意义不是很大,但各组织中同工酶构成差异较大,因而血清中LDH同工酶的变化对肝脏、心血管、血液等疾病的临床诊断十分重要。

LDH酶蛋白是由四个亚基组成的四聚体,亚基有心脏型(H型)及肌肉型(M型)两种。根据酶蛋白四聚体中H型和M型亚基比例的差别,可将LDH同工酶分为五种,即LDH1、LDH2、LDH3、LDH4、LDH5。亚基分子量相似,大小为35KD左右,由于带电荷情况不同,在电场中电泳时有不同的迁移率。因此,可以通过琼脂糖凝胶电泳法分离乳酸脱氢酶同工酶,然后利用LDH催化底物转化为产物进行显色。以乳酸为底物,在氧化型辅酶I存在时,LDH可使乳酸脱氢生成丙酮酸,使NAD^+还原成NADH,NADH又将氢传递给吩嗪二甲酯硫酸盐(PMS),PMS再将氢传给氯化硝基四氮唑蓝(NBT),使其还原为蓝紫色化合物。因此,有LDH活性的区带即着色为蓝紫色。

$$\text{L-乳酸}+NAD^+\xrightarrow{\text{LDH pH 8.8\sim9.8}}\text{丙酮酸}+NADH+H^+$$

$$NADH+H^++2PMS\longrightarrow 2PMSH+NAD^+$$

$$2PMSH+NBT \longrightarrow 2PMS+H^{+}+NBTH$$

本实验采用琼脂糖凝胶作支持介质，在pH = 8.6的巴比妥缓冲液中电泳，分离猪血清中LDH同工酶，然后用考马斯亮蓝G-250染色法检测LDH同工酶。

三、实验用品

1. 材料

新鲜猪血(猪血清)。

2. 试剂

(1)巴比妥-HCl缓冲液(pH = 8.4，0.1 mol/L)：取17.0 g巴比妥钠溶于600 mL水中，加入1 mol/L的HCl溶液23.5 mL，再加蒸馏水定容至1000 mL。

(2)0.5 mol/L乳酸钠溶液：60%乳酸钠10 mL，溶于蒸馏水并稀释到100 mL。

(3)0.001 mol/L EDTA-Na_2(乙二胺四乙酸钠盐)溶液：称取EDTA-Na_2·H_2O 372 mg，溶于蒸馏水并稀释至100 mL。

(4)0.5%琼脂糖凝胶：取50 mg琼脂糖溶解于5 mL巴比妥-HCl缓冲液(pH=8.4，0.1 mol/L)，加蒸馏水5 mL，沸水浴加热，待琼脂糖溶化后，再加0.001 mol/L EDTA-Na_2溶液0.2 mL，保存于冰箱中备用。

(5)显色液：取50 mg NBT(氯化硝基四氮唑蓝)于20 mL蒸馏水中，定容至25 mL棕色容量瓶，溶解后，加入NAD^+ 125 mg及PMS(吩嗪二甲酯硫酸盐)12.5 mg，再加蒸馏水至25 mL，该溶液应避光低温保存，一周内有效，若溶液呈绿色，即失效。

(6)电泳用缓冲液(pH = 8.6，0.075 mol/L)：称取巴比妥钠15.45 g，巴比妥2.76 g溶于蒸馏水，加水定容至1000 mL。

(7)25%尿素溶液：取25 g尿素溶于100 mL蒸馏水中。

3. 器材

电泳仪、电泳槽、恒温水浴锅、恒温培养箱、冰箱、镊子、可见分光光度计等。

四、实验内容

1.琼脂糖凝胶的制备

将电泳凝胶板洗净、干燥，选好样品梳子并装好，调节水平，倒入已熔化好的0.5%

琼脂糖凝胶适量(凝胶约2 mm厚)冷却至凝固,然后移至4 ℃冰箱中放置30~50 min后使用。

2.点样及电泳

小心拔去加样梳,将凝胶板放在电泳槽内,将电泳缓冲液加到槽中刚好盖上凝胶,用微量加样器加入适量(30~50 μL)血清样品,第一孔中加入血清白蛋白或溴酚蓝指示剂,样品端接负极,电泳电压75~100 V(恒压模式)或电流30 mA(恒流模式),电泳约30~40 min,直至血清白蛋白(或溴酚蓝指示剂)距胶终点1~2 cm时停止电泳。

3.显色

电泳终止前10 min,取巴比妥-HCl缓冲液6.7 mL与显色液5.3 mL及0.5 mol/L乳酸钠溶液2 mL混匀,放入带盖培养皿,将电泳结束后的凝胶放入培养皿中37 ℃避光保温30 min,使同工酶各区带充分显色,即显示出五条深浅不等的蓝紫色区带。最靠近阳极端的是LDH1,依次为LDH2、LDH3、LDH4和LDH5。显色深浅即是样品血清中不同乳酸脱氢同工酶含量高低。

4.固定

将显色后的凝胶板放入10%冰乙酸水溶液中固定10 min,倾去固定液,蒸馏水漂洗2次,洗去多余的显色液。

5.定量分析

漂洗后的胶板,用刀割下各区带,分别移入盛有3 mL 25%尿素水溶液的试管内混合,置沸水中10 min,待凝胶全部熔化后,移至37 ℃水浴中冷却10 min后比色。使用可见分光光度计,在波长570 nm,蒸馏水调零,测定各区带吸光度值。计算各区带的相对百分含量。计算方法为:各区带吸光度值除以各区带吸光度之和乘以100%。

【要点提示】

1.在分离红细胞提取血清时不能出现溶血现象。

2.LDH4与LDH5对热很敏感,因此底物-显色液的温度不能超过50 ℃,高温容易使之变性失活,尤其是LDH5。

3.LDH4和LDH5对冷也不稳定,容易失活,在实验中最好采用新鲜样本测定。对于较难取得的新鲜样本血清应置于25 ℃条件下保存,最多2~3 d。

4.PMS对光敏感，故底物显色液需避光保存，否则显色后凝胶板背景颜色较深。

【注意事项】

1. 在分离红细胞提取血清时严禁溶血。

2. 底物-显色液的温度不能超过50 ℃，必须严格控制显色温度。

3. 显色液需避光保存。

4. 本法也适用于各种体液LDH同工酶测定。

1.LDH同工酶测定时为什么要严禁溶血？

2. 为何测定LDH的样本要用新鲜血清，但样本不能冰冻或冷藏？

3.LDH同工酶琼脂糖凝胶电泳测定的原理是什么？在电泳中应注意哪些事项？

实验8-8
蔗糖酶的分离纯化

一、实验目的

(1)掌握蔗糖酶提取和纯化的原理。

(2)学习蔗糖酶的提取和纯化方法,并为后续实验提供一定量的蔗糖酶。

二、实验原理

酶是生物体内具有催化活性的物质,在人类生产生活和生命过程中起着非常重要的作用。在研究酶的性质、作用、反应动力学等问题时,往往需要高纯度的酶制剂以避免干扰。酶的纯化往往要求多种分离方法交替应用,才能得到较为理想的效果。

蔗糖酶(Sucrase,EC3.2.1.26)又称转化酶,属于水解酶类,广泛存在于酵母中,如啤酒酵母、面包酵母,也存在于曲霉、青霉等霉菌和细菌及植物中,可专一性地催化蔗糖分解成*D*-葡萄糖和*D*-果糖。酵母蔗糖酶的分子量约为270000D(因来源不同,分子量也存在差异)。本实验中所用酵母蔗糖酶的PI约为4.8,最适pH为4.6,最适温度为50 ℃,耐酸、热、乙醇,在47.5%的乙醇溶液中能够沉淀且保持活性,因此可用乙醇纯化法进行分离提纯,具体原理如下:

$$\text{酵母细胞}\xrightarrow{\text{研磨}}\text{破碎细胞}\xrightarrow{\text{离心}}\begin{cases}\text{上层：脂溶性物质}\\ \text{中层（水层）：蔗糖酶、可溶性杂质等}\\ \text{下层（沉淀）：细胞碎片、变性蛋白等}\end{cases}$$

$$\begin{matrix}\text{取中层}\\ \text{（水层）}\end{matrix}\xrightarrow[\text{30 min}]{\text{50 ℃水浴}}\begin{matrix}\text{使热不稳定}\\ \text{蛋白变性}\end{matrix}\xrightarrow{\text{离心}}\begin{cases}\text{上清：蔗糖酶、可溶性杂质等}\\ \text{沉淀：变性蛋白}\end{cases}$$

$$\text{取上清}\xrightarrow[\text{乙醇冰浴20 min}]{\text{加入等体积95\%}}\text{使蔗糖酶沉淀}\xrightarrow{\text{离心}}\begin{cases}\text{上清：杂蛋白及可溶性杂质等}\\ \text{沉淀：蔗糖酶、杂蛋白等}\end{cases}$$

此外,与胞外酶在代谢过程中能分泌到细胞或组织的外部不同,蔗糖酶是一种胞内酶。因此,提取蔗糖酶首先必须破碎细胞壁,将蔗糖酶从细胞中有效提出并制备成无细胞提取液,进而再分级分离。细胞破碎常用的方法有菌体自溶法、机械破碎法、超声破碎法等,本实验采用研磨的方法将酵母细胞破碎。

离子交换柱层析是根据物质解离性质的差异而选用不同的离子交换剂进行分离、纯化混合物的液-固相层析分离法。样品加入后,被分离物质的离子与离子交换剂上的活性基团进行交换,未被结合的物质会被缓冲液从交换剂上洗掉。当改变洗脱液的离子强度和pH值时,基于不同分离物的离子对活性基团的亲和程度不同,而使之按亲和力大小顺序依次从层析柱中洗脱下来。

离子交换剂是由高分子的不溶性基质和若干与其以共价键结合的带电荷的活性基团组成。根据基质的组成和性质,可分为疏水性离子交换剂和亲水性离子交换剂两大类。如由苯乙烯和二乙烯聚合的聚合物—树脂为基质的离子交换剂属疏水性离子交换剂;以纤维素、交联葡聚糖、琼脂糖凝胶为离子交换剂基质的则属亲水性离子交换剂。这是一类常用的分离高分子生物活性物质的离子交换剂,对生物大分子的吸附及洗脱条件均比较温和,因而不破坏被分离物质。其中,DEAE Sepharose CL-6B弱阴离子交换剂、CM-Sepharose CL-6B弱阳离子交换剂特别适合生物大分子等物质的分离,具有在快流速操作下不影响分辨率的特点。

经分级沉淀提取的蔗糖酶,仍含有杂蛋白,可对其进一步分离纯化。蔗糖酶的等电点小于pH 6.0,在弱酸性至中性的pH范围稳定,在适合的pH缓冲液(pH≥6.0)中可使之带负电荷,因此可选用弱阴离子交换柱层析进行纯化。本实验采用DEAE-纤维素微粒状的、弱碱性的阴离子纤维素为柱料,进行蔗糖酶的进一步纯化。

三、实验用品

1. 材料

啤酒酵母。

2. 试剂

(1)1 mol/L乙酸。

(2)95%乙醇。

(3)0.05 mol/L Tris-HCl缓冲液(pH 7.3)。

(3)0.5 mol/L NaOH。

(4)0.5 mol/L HCl。

(5)含100 mmol/L NaCl的0.05 mol/L Tris-HCl(pH 7.3)溶液。

(6)2%蔗糖溶液。

(7)Benedict试剂:称取柠檬酸钠173 g,一水合碳酸钠($Na_2CO_3 \cdot H_2O$) 100 g,加入到600 mL蒸馏水中,加热使其溶解,冷却,稀释至850 mL。另称取17.3 g硫酸铜,溶解于100 mL热蒸馏水中,冷却,稀释至150 mL。最后,将硫酸铜溶液徐徐地加入柠檬酸-碳酸钠溶液中,边加边搅拌,混匀,如有沉淀,过滤后贮于试剂瓶中,可长期使用。

(8)石英砂、甲苯、去离子水等。

3. 器材

研钵、离心管、滴管、量筒、水浴锅、烧杯、pH试纸、DEAE-纤维素、高速冷冻离心机、核酸蛋白检测仪、自动部分收集器、蠕动泵、层析柱、梯度混合器、真空泵或抽滤瓶等。

四、实验内容

1. 蔗糖酶的提取

(1)粗提取:取5 g干啤酒酵母,1 g石英砂和20 mL甲苯于研钵中,充分研磨,约60 min,至酵母细胞大部分研碎。再缓慢加入40 mL去离子水,每次约2 mL,边加边研磨,使蔗糖酶充分转入水相。利用高速冷冻离心机将混合物离心,12000 rpm,10 min,4 ℃。离心后,共分3层,上层白色为甲苯及其抽提物,中间为水层(含酶),下层为细胞碎片沉淀(甲苯和水体积不用准确)。用滴管吸出中间水层至干净离心管,12000 rpm,4 ℃,离心5~10 min,静置后测量体积并记为V_1,再用pH试纸检查清液pH,用1 mol/L乙酸将pH调至5.0,标记为粗级分Ⅰ。

(2)热处理:将1 mL粗级分Ⅰ迅速地放入50 ℃恒温水浴中,温浴20 min,期间每隔约4 min轻柔混匀一次。取出离心管,迅速冰浴冷却5 min之后,4 ℃,10000 rpm,离心10 min。将上清液转入新的2 mL离心管中,用移液器量出体积V_2,标记为热级分Ⅱ。

(3)乙醇沉淀:向热级分Ⅱ中,逐滴缓慢加入等体积、-20 ℃预冷、95 %的乙醇,同时轻轻搅拌,整个过程约10 min。配平后,4 ℃,12000 rpm,离心10 min,倾弃上清。用1 mL冰预冷的0.2 mol/L乙酸钠-乙酸缓冲溶液充分溶解离心管中的沉淀5 min,用移液器量出体积V_3,标记为醇级分Ⅲ。

2.蔗糖酶的纯化

(1)离子交换剂的处理。

a.称取6 g DEAE-纤维素(DE-23)干粉,加水浸24 h抽干(真空泵或抽滤瓶)后放入小烧杯中。

b.加入0.5 mol/L NaOH溶液(约50 mL),轻轻搅拌,浸泡0.5 h后抽干,用去离子水洗至近中性,抽干后放入小烧杯中。

c.加入50 mL 0.5 mol/L HCl,搅匀,浸泡0.5 h后抽干,用去离子水洗至近中性,放入小烧杯中。

d.用0.5 mol/L NaOH重复处理一次,用去离子水洗至近中性后,抽干备用。

本实验可直接用0.5 mol/L NaOH浸泡1 h,抽干水洗至中性。

因DEAE-纤维素昂贵,用后务必回收。按“碱—酸”的顺序洗即可,因为酸洗后较容易用水洗至中性。碱洗时因过滤困难,可以先浮选除去细颗粒,抽干后用0.5 mol/L NaOH溶液处理,然后水洗至中性备用。

(2)装柱与平衡。

a.先将层析柱垂直装好,用滴管吸取烧杯底部大颗粒的纤维素装柱(装量为柱长的2/3或离柱顶端3~4 cm,柱内纤维素要均匀,不要出气泡)。

b.用0.05 mol/L pH 7.3 Tris-HCl起始缓冲液平衡(约100 mL流出液即可),以流出液pH与缓冲液一致为准 。

(3)上样与洗脱。

a.将剩余小烧杯中的醇级分Ⅲ用滴管取1.5 mL,小心地沿柱壁加到层析柱中,不要扰动柱床(注意上样量:分析用量一般为床体积的1%~2%,制备用量一般为床体积的20%~30%)。

b.用滴管小心地沿柱壁加入起始缓冲液约5 mL。

c.用0.05 mol/L pH7.3的Tris-HCl缓冲液进行NaCl(0~100 mmol/L)线性梯度洗脱。

层析柱联上梯度混合器,混合器中为50 mL 0.05 mol/L pH 7.3的Tris-HCl缓冲液,其中含100 mmol/L NaCl洗脱流速为0.5~1 mL/min,使用部分收集器连续收集洗脱液,每管接收4 mL,记录每管A_{280},至混合器中液体流完为止。

d.每隔4管(或取A_{280}值高的几个峰值)做酶活力的定性测定,将活性最高的几管合并(约20 mL即可),转入量筒,量出体积,并记录。

e. 取出2 mL洗脱液放入2 mL离心管中(标记为柱级分Ⅳ,-20℃下保存),用于测定酶活力及蛋白含量。剩余部分用于下一步实验(标记为柱级分Ⅳ)。

3. 蔗糖酶活力的定性测定

取1支干净试管,加入2%蔗糖溶液1.5 mL、蔗糖酶溶液0.5 mL,37 ℃恒温水浴保温15 min后,加入Benedict试剂1 mL,沸水浴2~3 min,观察橘红色沉淀的多少。蔗糖酶蛋白的含量及酶活力的定量测定方法见后续实验8-9。

五、实验结果

表8-14　蔗糖酶的分离纯化结果

提取液种类	颜色状态	实测体积/mL	总体积/mL
粗级分Ⅰ			
热级分Ⅱ			
醇级分Ⅲ			
柱级分Ⅳ			

按表8-14记录实验结果,注意随着提纯的进行,观察溶液的颜色变化,了解其与酶浓度的关系。

【注意事项】

为了了解实验过程,建议记录各级分酶提取液的变化现象。若有异常现象出现,可进行分析讨论。

思考题

1. 蔗糖酶有哪些性质?包括酶的适用pH、温度、等电点等。
2. 蔗糖酶属于胞内酶,提取前需要破壁,破壁方法有哪些?
3. 蛋白质的粗分离方法有哪些?各有什么优缺点?如何选择?

实验8-9 蔗糖酶含量及活性的测定

一、实验目的

(1)掌握考马斯亮蓝结合法测定蛋白质浓度的原理和方法。

(2)掌握Nelson法测定蔗糖酶活性的原理与方法。

(3)熟练分光光度计的使用和操作方法。

二、实验原理

考马斯亮蓝结合法测定蔗糖酶浓度的原理:考马斯亮蓝G-250测定蛋白质含量属于染料结合法的一种,它与蛋白质的疏水微区相结合,这种结合具有较高的敏感性。考马斯亮蓝G-250在酸性溶液中呈棕红色,最大光吸收峰在465 nm,当它与蛋白质结合形成考马斯亮蓝G-250-蛋白质复合物时呈蓝色,其最大吸收峰改变为595 nm。在一定范围内,595 nm下光密度与蛋白质含量呈线性关系,故可以用于蛋白质含量的测定。

Nelson法测定酶活性的原理:还原糖含有的自由醛基或酮基,在碱性溶液中将Cu^{2+}还原成氧化亚铜,糖本身被氧化成羟酸,砷钼酸试剂与氧化亚铜生成蓝色溶液,在510 nm下吸光值与还原糖的浓度呈正比,从而可确定酶的活力,测定范围为25~200 μg。

三、实验用品

1. 实验材料

蔗糖酶样品Ⅰ、Ⅱ、Ⅲ、Ⅳ。

2. 试剂

(1)0.9%NaCl:9 g NaCl溶解在1 L的容量瓶中。

(2)标准蛋白质:称取50 mg结晶牛血清蛋白定容于50 mL容量瓶里。

(3)染液:考马斯亮蓝G-250 0.5 g,溶于250 mL 95%乙醇,再加入500 mL 85%(w/v)磷酸,保存于棕色瓶中,作为母液。使用前取150 mL母液,后加蒸馏水定容到1000 mL,保存于棕色瓶中,备用。

(4)0.2 mol/L乙酸缓冲溶液(pH4.5):

①0.2 mol/L NaAc:称取27.616 g NaAc溶解并定容至1000 mL。

②0.2 mol/L HAc:100 mL乙酸(分析纯)定容至500 mL。

③将两者分别取315 mL,185 mL混合,用强碱调pH到4.5。

(5)Nelson试剂:

A试剂:100 mL溶剂中含Na_2CO_3 2.5 g,$NaHCO_3$ 2.0 g,酒石酸钾钠(酒石酸钠)2.5 g,Na_2SO_4 20 g;

B试剂:100 mL溶剂中含$CuSO_4 \cdot 5H_2O$ 15g,浓H_2SO_4 2滴;

以A:B=50:2比例混合即可使用,使用前需在37 ℃以上溶解,防止溶质析出。

(6)砷钼酸试剂:100 mL中含钼酸铵5 g,浓H_2SO_4 4.2 mL,砷酸钠0.6 g(砷酸钠有毒,实验中注意)。

(7)4 mmol/L葡萄糖,4 mmol/L蔗糖,0.5 mmol/L蔗糖。

3. 器材

试管、分光光度计、电子分析天平、恒温水浴箱、量筒、容量瓶、移液器。

四、实验内容

1. 蔗糖酶含量的测定

(1)标准曲线的制备:取7支试管,按表8-15向各管加入相应的试剂。

表8-15 蔗糖酶含量的测定

试剂	管号						
	0	1	2	3	4	5	6
标准蛋白溶液/mL	0	0.1	0.2	0.3	0.4	0.5	0.6
0.9%NaCl/mL	1.0	0.9	0.8	07	0.6	0.5	0.4
待测样品/mL	—	—	—	—	—	—	—

（续表）

试剂	管号						
	0	1	2	3	4	5	6
考马斯亮蓝试剂/mL	4.0	4.0	4.0	4.0	4.0	4.0	4.0
摇匀，室温放置5 min，测吸光度值							
$A_{595\ nm}$							

以各管相应标准蛋白质含量（μg）为横坐标、A_{595}为纵坐标，绘制标准曲线。

（2）各级分酶蛋白浓度的测定。

取12支干净试管，每级分做3管，按表8-16向各管加入试剂混匀。读取吸光度值。以各级分吸光度的平均值查标准曲线即可求出蛋白质含量。各级分应进行一定倍数的稀释，先试做，选其吸光度值在标准曲线内，即蛋白含量应在10~80 μg的稀释度为宜。

表8-16 各级分酶蛋白浓度的测定

项目	管号											
	1			2			3			4		
粗级分Ⅰ/mL												
热级分Ⅱ/mL												
醇级分Ⅲ/mL												
柱级分Ⅳ/mL												
0.9%NaCl/mL												
考马斯亮蓝/mL	4	4	4	4	4	4	4	4	4	4	4	4
各级分应进行一定倍数的稀释，先试做，选其吸光度值在标准曲线内，即蛋白含量应在10~80 μg的稀释度为宜根据浓度计算所需要的体积，用0.9%NaCl将体积补齐至1.0 mL												
摇匀，室温放置5 min，测吸光度值												
$A_{595\ nm}$												
$A_{595\ nm}$平均值												
各级分蛋白浓度/mg·mL^{-1}												

2. 蔗糖酶活性的测定

（1）标准曲线的制备：

取9支试管，按表8-17向各试管中加入相应的试剂。

表8-17 蔗糖酶活性的测定

项目	管号								
	0	1	2	3	4	5	6	7	8
4 mmol/L葡萄糖/mL	0	0.02	0.05	0.10	0.15	0.20	0.25	0.30	0
4 mmol/L蔗糖/mL	0	0	0	0	0	0	0	0	0.2
ddH_2O/mL	1	0.98	0.95	0.90	0.85	0.80	0.75	0.70	0.80
葡萄糖量/μmol	0	0.08	0.2	0.4	0.6	0.8	1	1.2	0
Nelson试剂	向每管中加入1 mL Nelson试剂,盖上塞子,置于沸水浴中20 min,再冷却至室温 在碱性条件下葡萄糖被氧化,将Cu^{2+}还原成氧化亚铜(Cu_2O)								
砷钼酸试剂	向每个管中加入1 mL砷钼酸试剂,5 min (砷钼酸试剂与氧化亚铜生成蓝色溶液)								
ddH_2O /mL	向每个管中加入7 mL ddH_2O,充分混匀								
$A_{510\ nm}$									

以吸光度值A_{510}为纵坐标,以还原糖(葡萄糖含量,μmol)作为横坐标作图得标准曲线。

(2)各级分蔗糖酶活性的测定:

取13支干净试管,分3组,按表8-18加入试剂混匀。各级分酶液应进行一定倍数的稀释,先试做,选其吸光度值在标准曲线内,即还原糖含量应在0.08~1.2 μmol的稀释度为宜。读取吸光度值,以各级分吸光度的平均值查标准曲线即可求出蛋白质含量。

表8-18 各级分蔗糖酶活性的测定

项目	级分												
	空白	粗级分Ⅰ			热级分Ⅱ			醇级分Ⅲ			柱级分Ⅳ		
编号	0	1	2	3	1	2	3	1	2	3	1	2	3
乙酸缓冲液/mL	0.2	0.2	0.2	0.2	0.2	0.2	0.2	0.2	0.2	0.2	0.2	0.2	0.2
ddH_2O/mL	0.6												
0.5 mmol/L蔗糖/mL	0.2	0.2	0.2	0.2	0.2	0.2	0.2	0.2	0.2	0.2	0.2	0.2	0.2
各级分酶液/mL	0	各样品还原糖含量应在0.08~1.2 μmol的稀释度为宜,用ddH_2O补齐至0.6 mL											
时间/min	摇匀,室温放置5 min												
Nelson试剂	向每管中加入1 mL Nelson试剂,盖上塞子,置于沸水浴中20 min后冷至室温												

（续表）

<table>
<tr><th rowspan="2">项目</th><th colspan="13">级分</th></tr>
<tr><th>空白</th><th colspan="3">粗级分Ⅰ</th><th colspan="3">热级分Ⅱ</th><th colspan="3">醇级分Ⅲ</th><th colspan="3">柱级分Ⅳ</th></tr>
<tr><td>砷钼酸试剂</td><td colspan="13">向每个管中加入1 mL砷钼酸试剂，5 min</td></tr>
<tr><td>ddH_2O/mL</td><td colspan="13">向每个管中加入7 mL ddH_2O，充分混匀</td></tr>
<tr><td>$A_{510\ nm}$</td><td>0</td><td></td><td></td><td></td><td></td><td></td><td></td><td></td><td></td><td></td><td></td><td></td><td></td></tr>
<tr><td>$A_{510\ nm}$平均值</td><td></td><td colspan="3"></td><td colspan="3"></td><td colspan="3"></td><td colspan="3"></td></tr>
</table>

五、实验结果

活力单位（U）：在室温，pH4.5条件下，每分钟水解产生1 μmol葡萄糖所需的酶量，定义为酶的1个活力单位。根据测得结果，计算出相应数据填入表8-19。

表8-19　实验结果记录

各级分样液	体积/mL	蛋白/$mg \cdot mL^{-1}$	总蛋白/mg	活力/U	总活力/U	比活力/$U \cdot mg^{-1}$	提纯倍数	回收率/%
粗级分Ⅰ								
热级分Ⅱ								
醇级分Ⅲ								
柱级分Ⅳ								

【注意事项】

1. 各级分要仔细寻找和测试出合适的稀释倍数，并详细记录稀释倍数的计算（使用移液枪和移液管稀释，注意节约）。

2. 在酶活力测定时，要节约使用各个级分，同时要注意加入酶液反应时间应尽量保持一致。

3. 加热时将试管直接通过试管架或浮漂置于水浴锅中，不要使用烧杯作为容器。

4. 测定吸光度时，比色杯中不能有气泡，每组样品应尽量在1 h内测定完毕。

5. 利用标准曲线测定未知样品的蛋白浓度时要考虑其适用范围，超出其范围的就不能根据标准曲线来求蛋白浓度。

思考题

1. 什么是酶的比活力？测定比活力的意义？
2. 哪种级分蔗糖酶的比活力较高？为什么？
3. 本实验中有哪些影响蔗糖酶活性的因素？

实验8-10
维生素C含量的测定——2,6-二氯酚靛酚法

一、实验目的

(1)掌握2,6-二氯酚靛酚法测定维生素C含量的原理和方法。

(2)熟练掌握滴定操作的方法。

二、实验原理

维生素C是一种水溶性维生素,是人类膳食中必需的维生素之一,人体缺乏维生素C时会出现坏血病,因此它又被称为抗坏血酸。维生素C的分布很广,尤其在水果(如猕猴桃、橘子、柠檬、山楂、柚子、草莓等)和蔬菜(苋菜、芹菜、青椒、菠菜、黄瓜、番茄等)中的含量十分丰富。不同栽培条件、不同成熟度和不同的加工贮藏方法,都可以影响水果、蔬菜中的维生素C含量。测定维生素C含量是了解果蔬品质高低及其加工工艺成效的重要指标。

还原型维生素C能被染料2,6-二氯酚靛酚氧化为脱氢型,该染料在碱性溶液中呈蓝色,在酸性溶液中呈红色,被还原后变为无色。因此用2,6-二氯酚靛酚滴定含有维生素C的酸性溶液时,维生素C尚未全部被氧化时,则滴下的染料立即使溶液变成粉红色,当溶液中的维生素C全部被氧化成脱氢维生素C时,滴入的2,6-二氯酚靛酚立即使溶液呈现淡红色。用这种染料滴定维生素C至溶液呈淡红色为滴定终点,根据染料消耗量即可计算出样品中还原型维生素C的含量。

三、实验用品

1. 实验材料

新鲜蔬菜(辣椒、青菜、西红柿等),新鲜水果(橘子、柑子、橙子、柚子等)。

2. 试剂

(1)2%草酸溶液:草酸2 g,溶于100 mL蒸馏水中。

(2)1%草酸溶液:草酸1 g,溶于100 mL蒸馏水中。

(3)0.1 mg/mL标准维生素C溶液:准确称取50.0 mg纯维生素C,溶于1%草酸溶液,用蒸馏水稀释至500 mL。贮存于棕色瓶中,冷藏。现配现用。

(4)1%盐酸溶液:量取2.27 mL浓盐酸,加水至100 mL。

(5)0.1% 2,6-二氯酚靛酚溶液:溶500 mg 2,6-二氯酚靛酚于300 mL含有104 mg $NaHCO_3$的热水中,冷却后加水稀释至500 mL,滤去不溶物,贮存于棕色瓶内,4 ℃冷藏。临用前,以标准维生素C液标定。

3. 器材

组织捣碎机,电子分析天平,吸管1.0 mL(×1),10.0 mL(×1),容量瓶100 mL(×1),微量滴定管2 mL(×1),研钵,漏斗Φ8 cm(×2)。

四、实验内容

1. 提取维生素C

取新鲜蔬菜和水果5.0 g,加入少量2%草酸溶液充分研磨,然后全部转入50 mL容量瓶,用少量2%草酸溶液洗研钵2~3次,洗涤液一并转入容量瓶中。以1%盐酸溶液定容。静置10 min,四层纱布过滤,滤液备用。

2. 2,6-二氯酚靛酚溶液的标定

将2,6-二氯酚靛酚溶液装入微量滴定管。准确吸取1.0 mL 0.1 mg/mL标准维生素C溶液(含0.1 mg维生素C)于100 mL锥形瓶中,加9 mL 1%草酸溶液,用2,6-二氯酚靛酚滴定至淡红色(15 s内不褪色即为终点)。记录所用染料溶液的体积,计算出1 mL染料溶液所能氧化维生素C的量。

3.样品滴定

准确吸取样品滤液两份，各10.0 mL，分别放入两个100 mL锥形瓶中，滴定方法同2中的操作，另取10 mL 1%草酸作空白对照滴定。

五、实验结果

取两份样品滴定所耗用染料体积的平均值，代入下式计算100 g样品中还原型抗坏血酸的含量：

$$m = \frac{VT}{m_0} \times 100$$

式中，m——100 g样品中含维生素C的质量(mg)；

V——滴定时所用染料体积数(mL)；

T——每毫升染料所能氧化维生素C质量数(mg/mL)；

m_0——10 mL样液相当于含样品之质量数(g)。

【注意事项】

1.用本法测定维生素C含量虽简便易行，但有下述缺点：第一，本法只能测定还原型维生素C，不能测出具有同样生理功能的氧化型维生素C和结合型维生素C。第二，样品中的色素经常干扰对终点的判断，虽可预先用白陶土脱色，或加入2~3 mL二氯乙烷，以二氯乙烷层变红为终点，但实际上仍难免产生误差。

2.用2%草酸制备提取液，可有效地抑制维生素C氧化酶，以免维生素C变为氧化型而无法滴定，而1%的草酸无此作用。

3.如样品中有较多亚铁离子(Fe^{2+})时，也可使染料还原而影响测定，这时应改用8%乙酸代替草酸制备样品提取液，此时Fe^{2+}不会很快与染料起作用。

4.如样品浆状物泡沫过多，可加几滴辛醇或丁醇消泡。

5.市售的2,6-二氯酚靛酚质量不一，以标定0.4 mg维生素C消耗2 mL左右的染料为宜，可根据标定结果调整染料溶液浓度。

6.样品提取制备和滴定过程中，要避免阳光照射和与铜、铁器具接触，以免破坏抗坏血酸。

7.滴定过程宜迅速，一般不超过2 min，样品滴定消耗染料1~4 mL为宜，如超出此范围，应增加或减少样品提取液的用量。

8.提取的浆状物如不易过滤，亦可离心收集上清液。

1.维生素C具有什么性质和生理功能？

2.为了在实验中得到准确的维生素C含量，应注意哪些问题？

【拓展资源】

常见测定维生素C含量的方法：

常见的测定维生素C含量的方法主要有荧光法、2，6-二氯酚靛酚滴定法、2，4-二硝基苯肼法、光度分析法、化学发光法、电化学分析法及色谱法等，具体信息见表8-20。

表8-20 常见测定维生素C含量的方法

方法	原理
荧光法	还原型抗坏血酸经活性炭氧化后，与邻苯二胺（OPDA）反应生成具有荧光的苯并[b]吡嗪（benzo[b]pyrazine），其荧光强度与脱氢抗坏血酸的浓度在一定条件下成正比
2，6-二氯酚靛酚滴定法	还原型抗坏血酸还原2，6-二氯酚靛酚后，本身被氧化成脱氢抗坏血酸。在没有杂质干扰时，一定量的样品提取液还原标准2，6-二氯酚靛酚的量与样品中所含维生素C的量成正比
2，4-二硝基苯肼法	还原型抗坏血酸经活性炭氧化为脱氢抗坏血酸，再与2，4-二硝基苯肼作用生成红色脎，脎的含量与总抗坏血酸含量成正比，进行比色测定
碘量法	当用碘滴定维生素C时，所滴定的碘被维生素C还原为碘离子。随着滴定过程中维生素C全被氧化，所滴入的碘将以碘分子形式出现。碘分子可以使含指示剂（淀粉）的溶液产生蓝色，即为滴定终点
磷钼蓝分光光度法	在一定的反应条件下，维生素C可以定量地将磷钼酸铵还原成磷钼蓝
二甲苯-二氯靛酚比色法	定量的2，6-二氯靛酚染料与试样中的维生素C进行氧化还原反应，多余的染料在酸性环境中呈红色，用二甲苯萃取后比色，在一定范围内，吸光度与染料浓度呈线性相关

（续表）

方法	原理
近红外漫反射光谱分析法（NIRDRSA）	近红外谱区光的频率与有机分子中C-H，O-H，N-H等振动的合频与各级倍频的频率一致，因此通过有机物的近红外光谱可以取得分子中C-H，O-H，N-H的特征振动信息
电位滴定法	随着滴定剂的加入，由于发生化学反应，待测离子浓度将不断变化；从而指示电极电位发生相应变化；导致电池电动势发生相应变化；计量点附近离子浓度发生突变；引起电位的突变，因此由测量工作电池电动势的变化就能确定终点

实验8-11
维生素C含量的测定——磷钼酸法

一、实验目的

(1)了解维生素C的测定方法。

(2)加深理解维生素C的理化性质。

二、实验原理

钼酸铵在一定条件下(有硫酸和偏磷酸根离子存在)与维生素C反应生成蓝色化合物。在一定浓度范围内(样品控制浓度在25~250 μg/mL)吸光度与浓度呈线性关系。在偏磷酸存在下,样品所含有的还原糖及其他常见的还原性物质均无干扰,因而专一性好,且反应迅速。

$$MoO_4^{2-} + \text{维生素C} \xrightarrow{H_2PO_3^-,\ H_2SO_4} Mo(MoO_4)_2 + \text{维生素C}$$

(还原型)　　钼蓝　　(氧化型)

三、实验用品

1. 实验材料

松针、绿色蔬菜、橘子等富含维生素C的生物材料。

2. 试剂

(1)5%钼酸铵:5 g钼酸铵,以蒸馏水溶解,定容至100 mL。

(2)草酸(0.05 mol/L)-EDTA(0.2 mmol/L)溶液:称取$H_2C_2O_4 \cdot 2H_2O$ 6.3 g和EDTA-$Na_2 \cdot 2H_2O$ 0.0744 g,用蒸馏水溶解,定容至1000 mL。

(3)硫酸(1∶19):向10份体积蒸馏水中缓慢加入1份体积浓硫酸,混匀,待用。

(4)冰乙酸(1∶5):取5份体积蒸馏水加入1份体积冰乙酸,混匀,待用。

(5)偏磷酸-乙酸溶液:取粉碎好的偏磷酸3 g,加入48 mL冰乙酸(1∶5),溶解后加蒸馏水稀释至100 mL,必要时过滤。此试剂放冰箱中可保存3天。

(6)0.25 mg/mL标准维生素C溶液:准确称取25 mg维生素C,用蒸馏水溶解,加适量草酸-EDTA溶液,然后用蒸馏水稀释至100 mL,4 ℃冰箱贮存,可用1周。

3. 器材

紫外可见分光光度计,水浴锅,离心机(4000 rpm),组织捣碎机,吸管(0.10 mL×2、0.20 mL×2、0.50 mL×2、1.0 mL×2、2.0 mL×1、5.0 mL×1),试管(1.5 cm×15 cm×10),试管架,吸管架等。

四、实验内容

1. 标准曲线的制备

取6支试管,按下表8-21向各管加入相应的试剂。

表8-21　维生素C的定量测定——标准曲线的制备

试剂	管号								
	0	1	2	3	4	5	6	7	8
标准维生素C溶液/mL	0	0.1	0.2	0.3	0.4	0.5	0.6	0.8	1.0
蒸馏水/mL	1.0	0.9	0.8	0.7	0.6	0.5	0.4	0.2	0
草酸-EDTA溶液/mL	2.0	2.0	2.0	2.0	2.0	2.0	2.0	2.0	2.0
偏磷酸-乙酸/mL	0.5	0.5	0.5	0.5	0.5	0.5	0.5	0.5	0.5
1∶19 硫酸/mL	1.0	1.0	1.0	1.0	1.0	1.0	1.0	1.0	1.0
5% 钼酸铵/mL	2.0	2.0	2.0	2.0	2.0	2.0	2.0	2.0	2.0
摇匀,室温放置5 min,测吸光度值									
维生素C质量/ μg	0	25	50	75	100	125	150	200	250
$A_{760\ nm}$									

2. 样品测定

将所用生物材料如青菜、松针,洗净擦干,准确称取5.000~10.000 g,加入草酸-EDTA溶液至50 mL,组织捣碎机匀浆2 min,取上清液离心,4000 rpm,5 min。取上清液0.5 mL,加蒸馏水0.5 mL,其余按照标准曲线第三步(即加草酸-EDTA)操作,根据吸光度值查标准曲线。

五、实验结果

根据以下公式计算：

$$m = \frac{m_0 V_1}{m_1 V_2 \times 10^3} \times 100$$

式中,m——100 g样品中含维生素C的质量(mg);

m_0——查标准曲线所得维生素C的质量(μg);

V_1——稀释总体积(mL);

m_1——称样质量(g);

V_2——测定时取样体积(mL);

10^3—— μg换算成mg。

【注意事项】

1. 提取维生素C注意取用新鲜水果或绿色植物。
2. 显色后应尽快比色,放置时间过长有时会出现浑浊。

思考题

1. 本实验中加入EDTA的目的是什么?
2. 磷钼酸法与滴定法相比有什么优点?

实验8-12 类胡萝卜素的提取及含量测定

一、实验目的

(1)掌握类胡萝卜素的分离提取的方法。

(2)掌握三点校正法测定类胡萝卜素含量的原理和方法。

二、实验原理

类胡萝卜素(Carotenoid)是指40碳的碳氢化合物(胡萝卜素)及其氧化衍生物(叶黄素)两大类天然色素的总称,在高等植物、动物、真菌、藻类中广泛存在。目前发现的天然类胡萝卜素有600多种,其中约10%是体内维生素A合成前体,同时还具有抗氧化、免疫调节、抗癌、缓解心血管疾病及着色剂等作用。

根据是否含有叶绿素可以将实验材料分为两大类:(1)不含有叶绿素的材料,如胡萝卜、黄叶、红果等;(2)含有叶绿素的材料,如绿叶和藻类等。上述两种材料应该采用不同的检测方法。在不含有叶绿素的材料中,丙酮萃取液中的类胡萝卜素测定不会受到叶绿素的干扰,类胡萝卜素主要吸收蓝紫光,在440±10 nm处有特殊吸收峰。而对于含有叶绿素的植物材料,萃取液中的叶绿素a和叶绿素b可以吸收红光和蓝紫光,对类胡萝卜含量的测定有干扰。可采用三点校正方法测定A_{470}、A_{646}和A_{663}的吸光值,根据经验公式计算出叶绿素a和叶绿素b的含量,进而计算出类胡萝卜素的含量。

三、实验用品

1. 实验材料

新鲜植物叶片。

2. 试剂

(1)蒸馏水:适量。

(2)液氮:适量。

(3)丙酮(提取液):80%丙酮,即将丙酮:蒸馏水(v/v)=4:1混合待用。

3. 器材

低温台式离心机、分光光度计、玻璃比色皿、电子天平、可调式移液枪、研钵/匀浆器等。

四、实验内容

1. 植物色素提取

(1)新鲜植物叶片(去掉中脉)或其他组织用蒸馏水洗干净,然后吸干表面水分,称取约0.5 g,剪碎放入研钵或匀浆器中。

(2)用液氮研磨成粉后,称取用80%丙酮溶液溶解色素,在黑暗或弱光条件下充分研磨,转入10 mL离心管或试管中,避光放置30 min。

(3)放入4 ℃高速离心机,5000 rpm离心5 min后取上清液。

(4)再次加入80%丙酮溶液,放入4 ℃低温离心机,5000 rpm离心5 min后取上清液洗涤沉淀,观察底部组织残渣接近于白色时则提取完全,若组织残渣未完全变白,继续浸提至组织残渣颜色接近于白色。

(5)最后将上清液混合,定容至10 mL,取2 mL溶液用分光光度计测定。

2. 测定步骤

方法一:黄色或其他非绿色组织(不含叶绿体)类胡萝卜素含量测定步骤。

(1)分光光度计预热30 min以上,调节波长至440 nm,用提取液调零。

(2)取上层浸提液1 mL于玻璃比色皿中,测定440 nm处吸光值,记为A_{440}。

方法二:新鲜植物叶片或其他绿色组织(含叶绿体)类胡萝卜素含量测定步骤。

(1)分光光度计预热30 min以上,调节多波长至470 nm、646 nm和663 nm,用提取液调零。

(2)取上层浸提液1 mL于玻璃比色皿中,测定470 nm、646 nm和663 nm处吸光值,分别记为A_{470}、A_{646}和A_{663}。

五、结果与分析

方法一：测定黄色或其他非绿色组织（不含叶绿体）类胡萝卜素含量的吸光度，填入表8-22并计算结果。

表8-22　测定不含叶绿体材料的类胡萝卜素含量的实验结果

波长	吸光度			平均值
440 nm				

根据朗伯-比尔定律，某有色溶液的吸光度A与其中溶质浓度C和液层厚度L成正比，即$A=\alpha CL$。式中：α是一个比例常数。当溶液浓度以百分浓度为单位，液层厚度为1 cm时，α为该物质的吸光系数，即$C=\dfrac{A}{\alpha L}$。

得到类胡萝卜含量的计算公式：

$$类胡萝卜色素含量=\frac{A_{440}\times 1000}{(\varepsilon\times L)\times V_{样总}\times W\times F}=\frac{0.04\times A_{440}\times F}{W}$$

式中，$V_{样总}$——提取液总体积，0.01 L；

1000——单位换算系数，1 g =1000 mg；

E——类胡萝卜素经验消光系数，250 L/g/cm；

L——比色皿光径，1 cm；

F——稀释倍数；

W——样本质量，g。

方法二：测定新鲜植物叶片或其他绿色组织（含叶绿体）类胡萝卜素含量的吸光度，填入表8-23并计算结果。

表8-23　测定含有叶绿体材料的类胡萝卜素含量的实验结果

波长	吸光度			平均值
470 nm				
646 nm				
663 nm				

由于在80%的丙酮提取液中，叶绿素a和叶绿素b在红光区的最大吸收峰分别为663 nm和645 nm；在663 nm下叶绿素a和叶绿素b在溶液中的吸光系数分别为82.04和9.27，在645 nm下叶绿素a和叶绿素b在溶液中的吸光系数分别为16.75和45.6；由

加和性原则有

$$A_{663} = 82.04 \times C_a + 9.27 \times C_b$$

$$A_{645} = 16.75 \times C_a + 45.60 \times C_b$$

A_{663}和A_{645}为叶绿素溶液在波长663 nm和645 nm时的吸光度，C_a和C_b为叶绿素a和叶绿素b的浓度，单位：mg/L，以下同理类推。

解得上方程组为：$C_a = 12.72 \times A_{663} - 2.59 \times A_{645}$

$$C_b = 22.88 \times A_{645} - 4.67 \times A_{663}$$

进而得到，在645 nm下修正的公式：

$$C_a\left(\text{mg/L}\right) = 12.21 \times A_{632} - 2.81 \times A_{646}$$

$$C_b\left(\text{mg/L}\right) = 20.13 \times A_{646} - 5.03 \times A_{663}$$

类胡萝卜素浓度（C_c）：$C_c\left(\text{mg/L}\right) = \left(1000 \times A_{470} - 3.27 \times C_a - 104 \times C_b\right) \div 229$

$$= 4.367 \times A_{470} - 0.014 \times C_a - 0.454 \times C_a$$

类胡萝卜素含量（mg/g 鲜重）$= \dfrac{C_c \times V_{提取} \times F}{W} = \dfrac{0.01 \times C_c \times F}{W}$

式中，$V_{提取}$——提取液体积，0.01 L；

F——稀释倍数；

W——样本质量。

【注意事项】

1. 若上层浸提液有残渣，可吸取1.2 mL上层浸提液置于1.5 mL棕色EP管，常温下4000 r/min离心5 min，再取上清液检测。

2. 若不确定组织中有无叶绿素影响，可取样本提取液采用分光光度计在波长400~700 nm下进行扫描，看波长640~670 nm之间有无波峰，有波峰则有叶绿素，反之则无。

3. 当A超过1时，建议将样本用提取液稀释后再进行测定，计算公式中乘以稀释倍数F。

4. 为了避免色素见光分解，操作时应尽量避光，研磨或匀浆时应尽量缩短时间。

5. 提取液易挥发，操作时做好防护措施。

6. 测定大量样本时，注意比色池中用来调零校正的比色皿中的提取液的液面位置，防止挥发造成误差。

1. 类胡萝卜素含量的测定还有哪些方法?

2. 工业生产上,提取天然β-胡萝卜素的方法主要有哪些?

【拓展资源】

类胡萝卜素的主要合成:类胡萝卜素是人体内维生素A的主要来源,具有多种生物功能,其中抗氧化功能最为人们所熟知。随着其功能被人类逐步地发现和认识,类胡萝卜素不光抗氧化能力卓越,在其他方面也有很重要的意义,尤其在保护人类健康方面起着重要的作用,不仅能够增强人体免疫力而且具有防癌抗癌的功效。但是人体自身不能合成类胡萝卜素,必须通过外界摄入。类胡萝卜素在许多植物中含量较低,且很难用化学方法合成,主要是通过生物合成方式完成。

第九章

生物氧化与新陈代谢

实验9-1
发酵过程中无机磷被利用和ATP生成

一、实验目的

(1)了解发酵过程中消耗无机磷合成ATP的现象。

(2) 掌握测定无机磷含量的原理和方法。

二、实验原理

酵母能进行乙醇发酵作用,如蔗糖在酵母体内先水解为葡萄糖和果糖,然后经发酵产生二氧化碳和乙醇。在发酵过程中涉及磷酸化反应,消耗无机磷,同时合成ATP(三磷酸腺苷)。

本实验利用无机磷的显色反应对其定量,无机磷可与钼酸反应生成磷钼酸络合物,进而被还原剂α-1, 2, 4-氨基萘酚磺酸钠还原成钼蓝。钼蓝在660 nm处有最大吸收峰,据此测定经过不同发酵时间反应体系中无机磷的含量,即可观察发酵过程中无机磷的消耗,间接反映ATP的生成情况。

三、实验用品

1. 实验材料

新鲜酵母、蔗糖。

2. 实验试剂

(1)标准磷酸盐溶液(25 μg无机磷/mL):将磷酸二氢钾在110 ℃烘干2 h,在干燥器中冷却后,准确量取0.1098 g,用蒸馏水溶解,定容到1000 mL。

(2)钼酸铵-硫酸混合液:将25 g/L的钼酸铵溶液和3 mol/L的硫酸溶液按体积比1∶1混合。

（3）α-1，2，4-氨基萘酚磺酸钠溶液：将0.25 g α-1，2，4-氨基萘酚磺酸，0.5 g亚硫酸钠和15 g亚硫酸氢钠溶于100 mL蒸馏水中备用。使用时，加水3份混合均匀。

（4）磷酸盐缓冲溶液：将120.7 g十二水合磷酸氢二钠和20 g磷酸二氢钾，溶解于蒸馏水中，定容至1000 mL，冰箱4 ℃贮存备用。使用时稀释1~5倍。

（5）50 g/L三氯乙酸溶液：将25 g三氯乙酸溶解于500 mL容量瓶中。

3. 器材

试管、移液管、恒温水浴锅、研钵、小漏斗、锥形瓶、分光光度计。

四、实验内容

1. 标准曲线的制作

取6支试管，按照表9-1分别加入相应试剂并操作。

表9-1　标准线的制作

试剂	试管编号					
	0	1	2	3	4	5
标准磷酸盐溶液/mL	0	0.2	0.4	0.6	0.8	1.0
蒸馏水/mL	3.0	2.8	2.6	2.4	2.2	2.0
钼酸铵-硫酸混合液/mL	2.5	2.5	2.5	2.5	2.5	2.5
α-1，2，4-氨基萘酚磺酸钠溶液/mL	0.5	0.5	0.5	0.5	0.5	0.5
摇匀，37 ℃恒温水浴保温10 min后冷却至室温，测定660 nm处吸光度						

以各管相应含磷量（μg）为横坐标、A_{660}为纵坐标，绘制标准曲线。

2. 酵母发酵

将2~4 g新鲜酵母和1 g蔗糖放入研钵中研碎，然后分别加入5 mL蒸馏水和5 mL磷酸盐缓冲溶液，研磨均匀。将匀浆转移到50 mL锥形瓶中，立即取出0.5 mL悬浮液，加入到盛有3.5 mL三氯乙酸溶液的试管中并摇匀，作为样品1（发酵时间为0）。随后将锥形瓶置于37 ℃恒温水浴，每隔30 min取出0.5 mL悬浮液，加入到盛有3.5 mL三氯乙酸溶液的试管中并摇匀。分别取3次，依次为样品2、3和4（发酵时间分别为30 min、60 min和90 min）。每个样品静置10 min，用滤纸过滤，得到无蛋白滤液。

3. 无机磷的测定

取5支干净的试管，按照表9-2分别加入相应试剂并操作。

表9-2 无机磷标准曲线的制作

项目	试管编号				
	1	2	3	4	5
发酵时间/min	0	30	60	90	—
无蛋白滤液/mL	0.1（样品1）	0.1（样品2）	0.1（样品3）	0.1（样品4）	—
蒸馏水/mL	2.9	2.9	2.9	2.9	3.0
钼酸铵-硫酸混合液/mL	2.5	2.5	2.5	2.5	2.5
α-1，2，4-氨基萘酚磺酸钠溶液/mL	0.5	0.5	0.5	0.5	0.5
摇匀，37 ℃恒温水浴保温10 min后冷却至室温，测定660 nm处吸光度					

以第5管溶液作为空白对照，测定各管的吸光度值A_{660}，从标准曲线上查出对应的无机磷含量。以实验样品1的无机磷含量为100%，分别计算发酵时间为30 min、60 min和90 min时消耗无机磷的相对百分数。

五、实验与分析

按照表9-3记录实验数据，并对结果进行分析

表9-3 发酵过程中无机磷酸被利用和ATP生成的实验结果

管号	标准曲线的制作	管号	无机磷的测定		
	$A_{660\ nm}$		发酵时间/min	$A_{660\ nm}$	消耗的无机磷/%
0		—	—	—	—
1		1	0		
2		2	30		
3		3	60		
4		4	90		
5		5	—		

【注意事项】

1. 制作标准曲线时，应注意操作顺序和时间安排，各管的无机磷与还原剂反应的时间保持严格一致。

2. 酵母发酵过程中在吸取悬浮液之前，应将锥形瓶中混合物充分摇匀，移液管口置于液面下方取样。

3. 如实验结果对无机磷的消耗现象不明显，可尝试对酵母采用冷冻、速融处理。

思考题

1. 发酵过程中哪些步骤需要利用无机磷?

2. 本实验中如何观察发酵过程中无机磷的消耗情况?

实验9-2
肌糖原的酵解作用

一、实验目的

(1)学习鉴定糖酵解作用的原理和方法。

(2)了解糖酵解作用在糖代谢过程中的地位及生理意义。

二、实验原理

在动物、植物和微生物等生物机体内,糖的无氧分解过程大部分都是相似的。以动物肌肉组织中肌糖原的酵解过程为例,即肌糖原在缺氧的条件下,经过一系列的酶促反应,最后转变成乳酸的过程。肌肉组织中的肌糖原首先磷酸化,经过己糖磷酸酯、丙糖磷酸酯、甘油磷酸酯等一系列中间产物,最后生成乳酸。该过程可综合成下列反应式:

$$(C_6H_{10}O_5)_n + H_2O \rightleftharpoons H_3C-\underset{\displaystyle OH}{\underset{|}{CH}}-COOH$$

肌糖原的酵解作用是糖类供给组织能量的一种方式。当机体突然需要大量的能量,而又供氧不足(如剧烈运动时),则糖原的酵解作用可暂时满足能量消耗的需要。在有氧条件下,组织内糖原的酵解作用受到抑制,而有氧氧化则为糖代谢的主要途径。

糖原酵解作用的实验,一般使用肌肉糜或肌肉提取液。在用肌肉糜时,必须在无氧条件下进行;而用肌肉提取液,则可在有氧条件下进行。因为催化酵解作用的酶系统全部存在于肌肉提取液中,而催化呼吸作用(即三羧酸循环和氧化呼吸链)的酶系统,则集中在线粒体中。

可通过乳酸的生成来观测糖原或淀粉的酵解作用。在除去蛋白质和糖以后,乳酸可以与硫酸共热变成乙醛,再与对羟基联苯反应产生紫罗兰色物质,根据颜色的深浅采用定量分析。该法比较灵敏，每毫升溶液含1~5 μg乳酸即可出现明显的颜色反应。此反应受到糖类和蛋白质等杂质的干扰，因此实验中应尽量除净这些物质。另外，测定时所用的仪器应严格清洗干净。

三、实验用品

1. 实验材料

兔肌肉糜。

2. 实验试剂

（1）1.5%对羟基联苯试剂：称取对羟基联苯1.5 g，溶于100 mL 0.5% NaOH溶液，配成1.5%的溶液。

（2）0.5%糖原溶液（或0.5%淀粉溶液）。

（3）20%三氯乙酸溶液。

（4）氢氧化钙（粉末）。

（5）浓硫酸。

（6）饱和硫酸铜溶液。

（7）1/15 mol/L磷酸缓冲液（pH7.4）：

A液：1/15 mol/L磷酸二氢钾溶液。称取磷酸二氢钾（KH_2PO_4）9.08 g，溶于蒸馏水后，定容至1000 mL，待用。

B液：1/15 mol/L磷酸二氢钠溶液。称取无水磷酸氢二钠（Na_2HPO_4）9.47 g，溶于蒸馏水后，定容至1000 mL，待用。

分别取A液和B液按照1∶4混匀，即可得到pH7.4的磷酸缓冲液。

（8）液体石蜡。

3. 实验器材

试管1.5 cm×15 cm、5 mL加样器、1 mL加样器、量筒10 mL、恒温水浴锅、电炉、电子天平、剪刀、镊子等。

四、实验内容

1. 制备肌肉糜

取家兔1只，用注入空气法处死后，放血，立即取背部和腿部肌肉，在低温条件下用剪刀尽量把肌肉剪碎成肌肉糜。

【注意事项】

肌肉糜在临用前制备。

2. 肌肉糜的糖酵解

取4支干净试管，编号后各加入新鲜肌肉糜0.5 g。1、2号管为样品管，3、4号管为空白管。向3、4号空白管内加入20%三氯乙酸3 mL，用玻璃棒将肌肉糜充分打散，搅匀，以沉淀蛋白质和终止酶的反应。然后分别向4支试管内各加入3 mL磷酸缓冲液和1 mL 0.5%糖原溶液（或0.5%淀粉溶液）。用玻璃棒充分搅匀，加少许液体石蜡隔绝空气，并将4支试管同时放入37 ℃恒温水浴中保温。

1 h后，取出试管，吸出液体石蜡，立即向1、2号管内加入20%三氯乙酸3 mL，混匀。将各试管内容物分别过滤，弃去沉淀。量取每个样品的滤液5 mL，分别加入到已编号的试管中，然后向每管内加入饱和硫酸铜溶液1 mL，混匀，再加入0.5 g氢氧化钙粉末，用玻璃棒充分搅匀后，放置30 min，并不时振荡，使糖沉淀完全。将每个样品分别过滤，弃去沉淀，具体操作见表9-4。

表9-4　肌肉糜的糖酵解实验操作

<table>
<tr><th rowspan="2">试剂</th><th colspan="4">试管编号</th></tr>
<tr><th>1</th><th>2</th><th>3</th><th>4</th></tr>
<tr><td>磷酸缓冲液/mL</td><td>3</td><td>3</td><td>3</td><td>3</td></tr>
<tr><td>0.5%糖原（淀粉）溶液/mL</td><td>1</td><td>1</td><td>1</td><td>1</td></tr>
<tr><td>肌肉糜/g</td><td>1.0</td><td>1.0</td><td>1.0</td><td>1.0</td></tr>
<tr><td>20%三氯乙酸/mL</td><td>0</td><td>0</td><td>3</td><td>3</td></tr>
<tr><td colspan="3"></td><td colspan="2">玻璃棒将肌肉糜充分打散，搅匀（沉淀蛋白质和终止酶的反应）。</td></tr>
<tr><td colspan="5">玻璃棒充分搅匀，加少许液体石蜡（约1 mL）隔绝空气，37 ℃恒温水浴2 h</td></tr>
</table>

（续表）

试剂	试管编号			
	1	2	3	4
20%三氯乙酸/mL	3	3	0	0
过滤，收集滤液，或者6000 rpm离心5 min，收集上清液				
取上述滤液/mL	4	4	4	4
饱和硫酸铜溶液/mL	1	1	1	1
氢氧化钙粉末/g	0.5	0.5	0.5	0.5
玻璃棒充分搅匀后，放置30 min，并不时振荡，使糖沉淀完全；将每个样品分别过滤，弃去沉淀（去除糖）				

3.乳酸的测定

取4支洁净、干燥的试管，编号，每个试管加入浓硫酸2 mL，将试管至于冷水浴中，取上述滤液0.5 mL，分别用滴管逐滴加入到已冷却的上述浓硫酸溶液中，随加随摇动试管，避免试管内的溶液局部过热。

将试管混合均匀后，放入沸水浴中煮5 min，取出后冷却，再加入对羟基联苯试剂2滴，混匀，勿将对羟基联苯试剂滴到试管壁上。具体操作步骤见表9-5。

表9-5　乳酸的测定

试剂	试管编号			
	1	2	3	4
浓硫酸/mL	2	2	2	2
置于冰浴中，分别添加上述样品滤液0.5 mL 【注意事项】 用滴管加，逐滴加入，边加边摇动试管，避免试管内溶液局部过热				
混匀后，放入沸水浴5 min，取出冷却				
对羟基联苯/滴	2	2	2	2
混匀，观察并记录试管溶液颜色深浅，并加以解释				

五、结果与分析

比较和记录各试管溶液的颜色深浅，并加以解释。

【注意事项】

1. 对羟基联苯试剂一定要经过纯化，使其呈白色。

2. 在乳酸测定中，试管必须洁净、干燥，防止污染，影响实验效果。

3. 肌肉糜应在临用前制备。

思考题

1. 人体和动植物体中糖的储存形式是什么？实验时，为什么可以用淀粉代替糖原？

2. 本实验的关键环节是什么？应采取什么措施，为什么？

3. 实验中如何去除蛋白质和糖类物质？

4. 为什么酶反应前需要用液体石蜡隔绝空气？

实验 9-3
糖酵解中间产物的鉴定

一、实验目的

(1)增加对糖酵解过程的认识。

(2)了解利用酶抑制剂研究代谢中间步骤的原理和方法。

二、实验原理

在一系列酶催化下，正常的代谢作用持续向前进行，中间产物的浓度往往很低，不易分析鉴定；若加入某种专一性的酶抑制剂，使中间产物累积，则便于分析鉴定。3-磷酸甘油醛是糖酵解的中间产物，利用碘乙酸抑制3-磷酸甘油醛脱氢酶活性，可使3-磷酸甘油醛不再向前变化而积累，同时用硫酸肼作稳定剂，使积累的3-磷酸甘油醛不自发分解。然后用羰基试剂2,4-二硝基苯肼与3-磷酸甘油醛在偏碱性条件下反应，反应过程是先加成后脱水，生成3-磷酸甘油醛-2,4-二硝基苯腙，再加过量氢氧化钠则形成棕色复合物，其棕色深度与3-磷酸甘油醛含量成正比。现将可能的反应过程表示如下：

$$H{-}C{=}O,\ CH{-}OH,\ H_2C{-}O{-}PO_3H_2 \ + \ H_2N{-}NH{-}C_6H_3(NO_2)_2 \xrightarrow{NaOH} \left[HC(OH){-}NH{-}NH{-}C_6H_3(NO_2)_2,\ HC{-}OH,\ H_2C{-}O{-}PO_3H_2 \right]$$

$$\xrightarrow{-H_2O} HC{=}N{-}NH{-}C_6H_3(NO_2)_2,\ HC{-}OH,\ H_2C{-}O{-}PO_3H_2 \xrightarrow{+NaOH} \text{棕色复合物}$$

三、实验用品

1. 实验材料

干酵母粉。

2. 实验试剂

（1）50 g/L葡萄糖溶液：称取5 g葡萄糖溶于蒸馏水中，定容至100 mL。

（2）100 g/L三氯乙酸溶液：称取10 g三氯乙酸溶解于蒸馏水中，定容至100 mL。

（3）0.002 mol/L碘乙酸溶液：称取0.183 g碘乙酸溶解于蒸馏水中，定容至500 mL。

（4）0.56 mol/L硫酸肼溶液：称取7.28 g硫酸肼，溶于蒸馏水中，这时不易全部溶解，加入NaOH使pH达7.4时则完全溶解，定容至100 mL。

（5）0.75 mol/L NaOH溶液：称取3 g NaOH溶解于蒸馏水，定容至100 mL。

（6）2，4-二硝基苯肼溶液：称取0.1 g 2，4-二硝基苯肼，溶于100 mL 2 mol/L HCl溶液中，储于棕色瓶中备用。

3. 实验器材

10 mL离心管、试管、玻璃棒、微量加样枪、电子天平、恒温水浴锅、离心机。

四、实验内容

1. 糖酵解抑制剂的添加

取3支10 mL离心管，分别加入干酵母粉0.2 g，再按表9-6加入试剂。

表9-6 糖酵解实验试剂添加

离心管号	50 $g \cdot L^{-1}$ 葡萄糖/mL	100 $g \cdot L^{-1}$ 三氯乙酸/mL	0.002 $mol \cdot L^{-1}$ 碘乙酸/mL	0.56 $mol \cdot L^{-1}$ 硫酸肼/mL
1	5	1	0.5	0.5
2	5	0	0.5	0.5
3	5	0	0	0

加完试剂后，每支离心管中插入一支玻璃棒，充分搅拌，混匀，玻璃棒留在离心管中。

2.保温和观察气泡

将上述三支离心管(连同玻璃棒)置于37 ℃水浴锅内的试管架上,保温45 min。观察各离心管生成气泡的量是否不同。

3.补加试剂

在离心管2和离心管3中,按表9-7补加试剂。

表9-7　试剂补加量

离心管号	100 g·L^{-1}三氯乙酸溶液/mL	0.002 mol·L^{-1}碘乙酸/mL	0.56 mol·L^{-1}硫酸肼/mL
2	1	0	0
3	1	0.5	0.5

加完试剂后,用离心管中玻璃棒搅匀,取出玻璃棒,静置10 min。

4.离心

将上述3支离心管中的内容物分别离心,4000 r/min离心5 min,将上清液转入相应编号的另外3支试管中,上清液留用。

5.显色和观察结果

另取3支试管,编号,分别加入上述相应的上清液0.5 mL,并按表9-8加入试剂。

表9-8　实验结果记录

<table>
<tr><th>试管号</th><th>上清液/mL</th><th>0.75 mol·L^{-1}氢氧化钠/mL</th><th rowspan="4">室温放置
2 min</th><th>2,4-二硝基苯肼/mL</th><th rowspan="4">室温放置
5 min</th><th>0.75 mol·L^{-1}氢氧化钠/mL</th><th>颜色深浅</th></tr>
<tr><td>1</td><td>0.5</td><td>0.5</td><td>0.5</td><td>3.5</td><td></td></tr>
<tr><td>2</td><td>0.5</td><td>0.5</td><td>0.5</td><td>3.5</td><td></td></tr>
<tr><td>3</td><td>0.5</td><td>0.5</td><td>0.5</td><td>3.5</td><td></td></tr>
</table>

五、结果与分析

记录上述实验现象并对结果进行分析:

(1)在步骤2中,记录保温后各离心管气泡多少差异,并分析原因。

(2)在步骤5中,观察各试管颜色深浅有无差异,并分析原因。

【注意事项】

1. 本实验虽为定性鉴定，但在称重和量取体积时仍要求相对准确。

2. 试液与2,4−二硝基苯肼的反应也可在38 ℃水浴中进行10 min，但颜色较深，各管之间差别较小。

思考题

1. 酶的抑制剂有哪些种类？

2. 糖酵解过程中有哪些中间产物？

实验9-4
脂肪酸的β-氧化

一、实验目的

（1）理解脂肪酸的β-氧化作用。

（2）掌握通过碘仿反应测定丙酮，从而检测脂肪酸β-氧化的原理。

二、实验原理

脂肪酸的β-氧化是其分解代谢的主要方式，氧化作用后脂肪酸分解为乙酰辅酶A。在肝脏细胞内，乙酰辅酶A可以生成酮体，包括丙酮、乙酰乙酸和β-羟丁酸。其中，乙酰乙酸由2分子乙酰辅酶A缩合反应而成，丙酮由乙酰乙酸脱羧生成，β-羟丁酸由乙酰乙酸脱氢产生。

本实验以丁酸代表脂肪酸，与新鲜肝糜保温，利用肝糜含有的酶催化丁酸发生β-氧化反应，进而生成丙酮。丙酮含量的测定利用碘仿反应，即丙酮在碱性条件下消耗碘生成碘仿，再加入盐酸中和后，用标准硫代硫酸钠溶液滴定剩余的碘。反应式如下：

$$2NaOH + I_2 \longrightarrow NaOI + NaI + H_2O$$

$$CH_3COCH_3 + 3NaOI \longrightarrow CHI_3(\text{碘仿}) + CH_3COONa + 2NaOH$$

$$NaOI + NaI + 2HCl \longrightarrow I_2 + 2NaCl + H_2O$$

$$2Na_2S_2O_3 + I_2 \longrightarrow Na_2S_4O_6 + 2NaI$$

通过消耗的标准硫代硫酸钠溶液的体积，可以计算样品与对照中生成的丙酮含量之差，进而得到由肝脏酶系转化丁酸产生的丙酮含量。

三、实验用品

1. 实验材料

新鲜猪肝(或兔肝)。

2. 试剂

(1)9 g/L氯化钠溶液:将9 g NaCl溶解在1 L的容量瓶中。

(2)1/15 mol/L pH 7.6磷酸盐缓冲液:将86.8 mL 1/15 mol/L磷酸氢二钠溶液与13.2 mL 1/15 mol/L磷酸二氢钠溶液混合。

(3)0.5 mol/L正丁酸溶液:将5 mL正丁酸溶于100 mL 0.5 mol/L的氢氧化钠溶液。

(4)150 g/L三氯乙酸溶液:将15 g三氯乙酸溶解在100 mL的容量瓶中。

(5)0.1 mol/L碘溶液:称取12.7 g碘和约25 g碘化钾溶于水中,加水稀释至1000 mL,混匀后用0.1 mol/L标准硫代硫酸钠溶液标定。

(6)100 g/L氢氧化钠溶液:将10 g氢氧化钠溶解在100 mL的容量瓶中。

(7)10%盐酸溶液:取10 mL浓盐酸,加水稀释,定容至100 mL。

(8)0.01 mol/L标准硫代硫酸钠溶液:将已标定的0.1 mol/L硫代硫酸钠溶液稀释至0.01 mol/L,现用现配。

(9)1 g/L淀粉溶液:将0.1 g淀粉溶解在100 mL的容量瓶中。

3. 实验器材

研钵、50 mL锥形瓶、恒温水浴锅、移液管、离心机、滴定管等。

四、实验内容

1. 肝糜的制备

用9 g/L氯化钠溶液清洗肝组织,并用滤纸吸去多余水分。称取5 g肝组织置于研钵中,加入少量9 g/L氯化钠溶液,将其研磨成细浆后继续加入9 g/L氯化钠溶液,至总体积为10 mL。

2. 脂肪酸β-氧化的引发及终止

准备2个50 mL锥形瓶,按照表9-9分别加入相应试剂并操作。

表9-9　脂肪酸β-氧化实验

材料与试剂	锥形瓶编号	
	1(样品)	2(对照)
磷酸盐缓冲液/mL	3	3
正丁酸溶液/mL	2	0
肝糜/mL	2	2
混匀,在40 ℃恒温水浴中保温1.5 h,取出锥形瓶		
三氯乙酸溶液/mL	3	3
正丁酸溶液/mL	0	2
混匀,以4000 r/min的转速离心10 min,取上清液		

3. 酮体的测定

再取2个锥形瓶,编号1(样品)和2(对照),分别加入2 mL前述步骤中得到的上清液,加入3 mL 0.1 mol/L的碘溶液和3 mL 100 g/L的氢氧化钠溶液。摇匀,静置10 min后,加入3 mL 10% 的盐酸溶液。用0.01 mol/L的标准硫代硫酸钠溶液滴定剩余的碘。滴定至锥形瓶内溶液呈浅黄色时,加入3滴淀粉溶液作为指示剂,摇匀后继续滴定,直至锥形瓶内蓝色消失。分别记录2个锥形瓶消耗的硫代硫酸钠标准溶液的体积,并计算由肝脏酶系转化丁酸产生的丙酮含量。

五、结果与分析

表9-10　脂肪酸β-氧化的实验结果

消耗体积	锥形瓶编号	
	1(样品)	2(对照)
消耗标准硫代硫酸钠溶液体积/mL		

$$肝脏酶系转化产生的丙酮含量（mmol/g）=（V_2 - V_1）\times C_{Na_2S_2O_3} \times 1/6$$

式中,V_1、V_2分别为滴定样品和对照所消耗的标准硫代硫酸钠溶液的体积(mL),$C_{Na_2S_2O_3}$为标准硫代硫酸钠溶液浓度(mol/L),1/6为丙酮与硫代硫酸钠的化学计量数之比。

【注意事项】

1. 必须使用新鲜的肝脏制备肝糜，制备后尽快使用。

2. 丁酸具有刺激性气味，使用时注意通风，防止泄漏。

思考题

1. 本实验中加入的三氯乙酸溶液有什么作用？

2. 样品中丙酮含量的测定原理是什么？

3. 在什么生理情况下，机体会大量产生酮体？

实验9-5 琥珀酸脱氢酶的竞争性抑制作用

一、实验目的

(1)掌握竞争性抑制的概念及作用机理。

(2)了解在无氧情况下观察琥珀酸脱氢酶作用的简单方法。

二、实验原理

存在于心肌、骨骼肌、肝脏等组织中的琥珀酸脱氢酶,能使琥珀酸脱氢形成延胡索酸,脱下的氢交给FAD,使得FAD形成$FADH_2$,后者可使甲烯蓝(次甲基蓝)发生氧化反应而褪色,还原为甲烯白。反应如下:

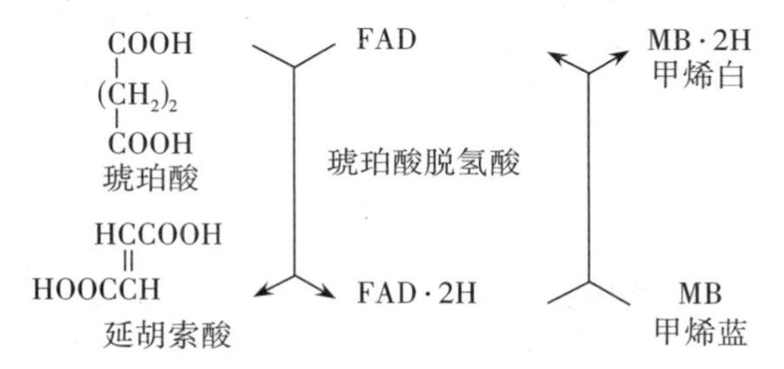

草酸、丙二酸等在结构上与琥珀酸相似,可与琥珀酸竞争性地结合琥珀酸脱氢酶活性中心。若琥珀酸脱氢酶已与丙二酸等结合,则不能再与琥珀酸结合而使之不能脱氢,因此产生抑制作用,且抑制程度取决于琥珀酸与抑制剂在反应体系中浓度的相对比例,这种抑制是酶的竞争性抑制。

本实验通过观察在不同浓度的琥珀酸与丙二酸组成的反应体系中,使等量甲烯蓝褪色的反应时间,从而验证丙二酸对琥珀酸的竞争性抑制作用。

本实验以兔肝为原料,研究兔肝中琥珀酸脱氢酶的竞争性抑制作用。

三、实验用品

1.实验材料

新鲜兔肝。

2.实验试剂

(1)0.10 mol/L 磷酸盐缓冲液(pH7.4):0.1 mol/L NaH_2PO_4 19 mL 与 0.1 mol/L Na_2HPO_4 81 mL混合即得。

(2)0.2 mol/L琥珀酸钠溶液:准确称取2.3618 g琥珀酸溶解于蒸馏水中,定容至100 mL。

(3)0.02 mol/L琥珀酸钠溶液:准确称取0.2362 g琥珀酸溶解于蒸馏水中,定容至100 mL。

(4)0.20 mol/L丙二酸钠溶液:准确称取丙二酸钠3.0 g溶解于蒸馏水中,定容至100 mL。

(5)0.02 mol/L丙二酸钠溶液:准确称取丙二酸钠0.3 g溶解于蒸馏水中,定容至100 mL。

(6)0.02%甲烯蓝溶液(棕色试剂瓶):准确称取0.2 g甲烯蓝溶于蒸馏水中,定容至100 mL。

(7)液体石蜡。

3.实验器材

37 ℃恒温水浴箱、试管、100~1000 μL移液枪、胶头滴管等。

四、实验内容

1.兔肝糜的制备

取新鲜兔肝,立即剪碎,放于组织匀浆机中研碎,按肝糜:缓冲液(w/v)=1:1.5,加入pH7.4的0.10 mol/L磷酸盐缓冲液,制备成肝匀浆液备用,置冰浴中备用。

2. 琥珀酸脱氢酶的竞争性抑制作用的检测

取5支试管分别编号,按表9-11配制反应体系。

表9-11　琥珀酸脱氢酸的竞争性抑制作用检测实验

试剂	管号				
	1	2	3	4	5
0.20 mol/L琥珀酸钠/mL	1	1	1	—	1
0.02 mol/L琥珀酸钠/mL	—	—	—	1	—
0.20 mol/L丙二酸钠/mL	—	1	—	1	—
0.02 mol/L丙二酸钠/mL	—	—	1	—	—
0.10 mol/L(pH7.4)磷酸缓冲液/mL	1	1	1	1	2
ddH_2O/mL	1	—	—	—	1
肝匀浆液/mL	1	1	1	1	—
0.02%甲烯蓝/滴	3	3	3	3	3

将各管溶液快速混匀后，于各管从管壁小心滴加液体石蜡10滴左右，以覆盖液面，然后静置于37 ℃恒温水浴箱(此时不可摇动!)。

五、结果与分析

(1)观察各管中颜色变化的快慢并分析原因。

(2)记录各管中颜色完全变化的时间并分析原因

【注意事项】

1. 滴加液体石蜡时，宜倾斜试管，沿管壁缓缓加入，以免产生气泡。

2. 观察结果的过程中，不可振摇试管，以免溶液与空气接触而使甲烯白重新氧化变蓝。

思考题

1. 试述酶的抑制作用的特点。

2. 本实验中各管反应的颜色差异说明了什么？

实验9-6
纸层析法观察转氨基作用

一、实验目的

(1)学习氨基酸纸层析的基本原理。

(2)掌握氨基酸纸层析的操作原理。

二、实验原理

转氨基作用是氨基酸代谢过程中的一个重要反应,在转氨酶的催化下,氨基酸的α-酮酸与α-酮基的互换反应称为转氨基作用。转氨基作用广泛地存在于机体各组织器官中,是体内氨基酸代谢的重要途径。氨基酸反应时均由专一的转氨酶催化,此酶催化氨基酸的α-氨基转移到另一α-酮基酸上。各种转氨酶的活性不同,其中肝脏的谷丙转氨酶(ALT)催化如下反应:

$$\alpha\text{-酮戊二酸} + \text{丙氨酸} \xleftrightarrow{\text{ALT}} \text{谷氨酸} + \text{丙酮酸}$$

本实验以丙氨酸和α-酮戊二酸为底物,加肝匀浆保温后,用纸层析法检查谷氨酸的产生,以证明转氨基作用。纸层析属于分配层析,以滤纸为支持物,滤纸纤维与水亲和力强,水被吸附在滤纸的纤维素的纤维之间形成固定相。有机溶剂与水不相溶,把预分离物质加到滤纸的一端,使流动溶剂经此向另一端移动,这样物质随着流动相的移动进行连续、动态分配。由于物质分配系数的差异,而使移动速度不一样,在固定相中,分配趋势较大的组分,随流动相移动的速度就慢。反之,在流动相分配趋势较大的成分,移动速度快,最终不同的组分彼此分离,物质在纸上移动的速率可以用比值R_f表示:

$$R_f = \frac{\text{溶质层析点中心到原点中心的距离}(X)}{\text{溶剂前缘到原点中心的距离}(Y)}$$

物质在一定的溶液中的分配系数是一定的,故比值R_f也相对稳定,因此在同一层析体系中可用R_f值来鉴定被分离的物质。

茚三酮是一种强氧化剂，可作用于氨、一级胺及二级胺，在pH4~8之间与α-氨基酸反应呈紫色（脯氨酸呈黄色）。该反应灵敏，所以常用于检测纸层析谱上的氨基酸。

三、实验用品

1.实验材料

新鲜动物肝脏。

2.实验试剂

（1）0.01 mol/L pH 7.4磷酸盐缓冲液。

（2）0.2 mol/L Na_2HPO_4溶液81 mL与0.2 mol/L NaH_2PO_4溶液19 mL混匀，用蒸馏水稀释20倍。

（3）0.1 mol/L丙氨酸溶液：称取丙氨酸0.891 g，先溶于少量0.01 mol/L pH 7.4磷酸盐缓冲液中，以1.0 mol/L NaOH仔细调pH至7.4后，加磷酸盐缓冲液至100 mL。

（4）0.1 mol/L α-酮戊二酸：称取α-酮戊二酸1.461 g，先溶于少量0.01 mol/L pH 7.4磷酸盐缓冲液中，以1.0 mol/L NaOH仔细调pH至7.4后，加磷酸盐缓冲液至100 mL。

（5）0.1 mol/L谷氨酸溶液：称取谷氨酸0.735 g，先溶于少量0.01 mol/L pH 7.4磷酸盐缓冲液中，以1.0 mol/L NaOH仔细调pH至7.4后，加磷酸盐缓冲液至50 mL。

（6）0.5%茚三酮溶液：称取茚三酮0.5 g于100 mL丙酮中溶解。

（7）层析溶剂：正丁醇：12%氨水（v/v）=13∶3的混合溶液或水饱和酚。

3.实验仪器

玻璃匀浆器、10 mL试管、培养皿、表面皿、沸水浴锅、37 ℃恒温水浴箱、9 cm圆滤纸、烘箱、手术剪刀、分液漏斗。

四、实验内容

1.肝匀浆制备

取新鲜动物肝0.5 g，剪碎后放入匀浆器，加入冷0.01 mol/L pH 7.4磷酸盐缓冲液1.0 mL，迅速研成匀浆，再加磷酸盐缓冲液4.5 mL混匀备用。

2. 酶促反应过程

(1)取离心管两支,编号1(测定管)和2(对照管),各加肝匀浆0.5 mL。把对照管放沸水浴中加热10 min,取出冷却。

(2)各加0.1 mol/L丙氨酸0.5 mL, 0.1 mol/L α-酮戊二酸0.5 mL,0.01 mol/L pH 7.4磷酸盐缓冲液1.5 mL,摇匀。

(3)37 ℃保温,30 min后取出,保温完毕。

(4)把测定管放沸水浴中煮10 min,取出后冷却,过滤。

3. 层析

(1)取圆形滤纸一张(直径9 cm)放洁白纸上,以圆点为中心,约1 cm为半径,用铅笔画一圆线作为基线,在线上四等份处标清四点编号作为点样原点。

(2)点样:用四根毛细玻璃管分别进行点样。把丙氨酸液、谷氨酸液分别点在原点2、4处,把测定液、对照液分别点在原点1、3处。注意斑点不宜过大(应在直径0.5 cm以下)。在第一次点样点干后,再在原处同样点第2次。

(3)层析:先在滤纸圆心处打一小孔(铅笔芯粗细),再取滤纸一条卷成灯芯状,上端插入滤纸中心孔中,下端剪成须状。

(4)把滤纸平放在层析缸中,使纸芯下端浸入层析液,盖上盖子。可见层析液沿纸芯上升到滤纸中心,逐渐向四周扩散。当层析液前缘距离滤纸边缘约1 cm时(约60 min),取出滤纸,用镊子小心取下纸芯。

(5)显色:将上述滤纸平放在干净的培养皿上,晾干。均匀喷以0.5%茚三酮的丙酮溶液,使滤纸全部湿润,再放入80 ℃烘箱干燥或者用电吹风吹干,此时可见紫色斑出现,用铅笔圈下各色斑。比较色斑的位置及色泽深浅,计算R_f值,分析是否发生了转氨基反应。

【注意事项】

1. 为防止滤纸污染,实验全程需要佩戴手套。

2. 保持滤纸平整无痕,注意避免手与滤纸表面接触。

3. 点样斑不可太大,应少量多次,并注意不要点错。

五、结果与分析

根据层析结果，计算每个点样点的R_f值，并判断样品中氨基酸的组成。

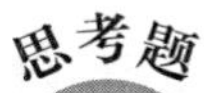

思考题

1. 转氨基作用的原理是什么？如何判断转氨基作用的发生？

2. 哪些因素会影响R_f值？

实验9-7
血清中转氨酶活力的测定

一、实验目的

(1)了解转氨酶的生理作用及其活性测定的临床意义。

(2)掌握血清中转氨酶活力测定的原理和方法。

二、实验原理

转氨酶是生物体内广泛分布的一类催化转氨基反应的酶,即α-氨基酸的α-氨基与α-酮酸的α-酮基之间相互转换,从而生成一种新的氨基酸与酮酸。转氨基反应对于氨基酸的降解和合成都有重要作用,同时也是联系氨基酸代谢和糖代谢的桥梁。通常当机体处于肝炎、心肌梗死等病理状态下,会有大量转氨酶进入血液,导致血液中转氨酶活性显著升高,因此临床上可通过测定血清中转氨酶活力辅助疾病诊断。

动物体中活力最强、分布最广的转氨酶有两种:一种为谷氨酸-草酰乙酸转氨酶(简称谷草转氨酶,GOT),另一种为谷氨酸-丙酮酸转氨酶(简称谷丙转氨酶,GPT)。它们催化的反应如下:

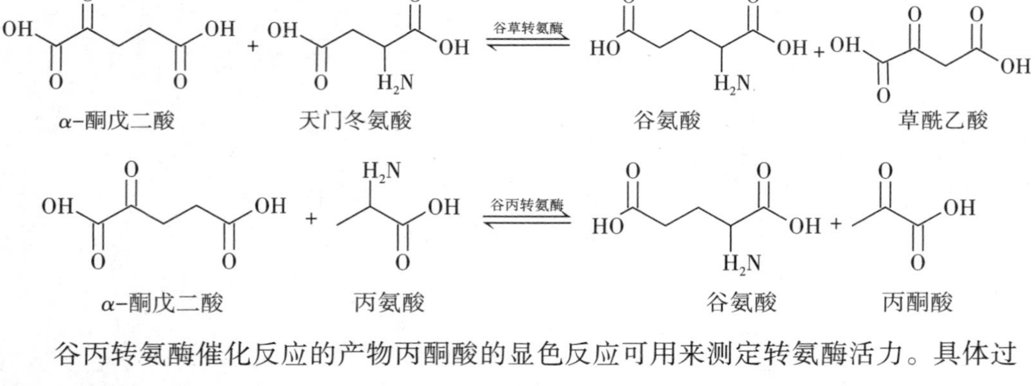

α-酮戊二酸 + 天门冬氨酸 $\xrightleftharpoons{\text{谷草转氨酶}}$ 谷氨酸 + 草酰乙酸

α-酮戊二酸 + 丙氨酸 $\xrightleftharpoons{\text{谷丙转氨酶}}$ 谷氨酸 + 丙酮酸

谷丙转氨酶催化反应的产物丙酮酸的显色反应可用来测定转氨酶活力。具体过程为:丙酮酸与2, 4-二硝基苯肼反应,生成丙酮酸-2,4-二硝基苯腙,其加碱处理后呈棕色,可用分光光度法定量,从而计算转氨酶活力。

丙酮酸 + 2.4-二硝基苯肼 → 丙酮酸-2.4-二硝基苯肼 + H_2O

三、实验用品

1. 实验材料

人血清样品。

2. 实验试剂

(1)0.1 mol/L pH 7.4 磷酸盐缓冲溶液:将 80.2 mL 0.1 mol/L 磷酸氢二钠溶液与 19.8 mL 0.1 mol/L 磷酸二氢钠溶液混合。

(2)2.0 μmol/mL 丙酮酸钠标准溶液:将 11 mg 分析纯丙酮酸钠溶解于 50 mL 磷酸盐缓冲液中,现用现配。

(3)谷丙转氨酶底物:将 29.2 mg 分析纯 α-酮戊二酸和 1.78 g DL-丙氨酸置于小烧杯中,加入约 10 mL 1 mol/L 的氢氧化钠溶液使其完全溶解。用 1 mol/L 的氢氧化钠溶液或盐酸调整溶液 pH 至 7.4,加入磷酸盐缓冲溶液至 100 mL。加数滴氯仿防腐,冰箱冷藏备用,可保存一周。

(4)2, 4-二硝基苯肼溶液:将 19.8 mg 分析纯 2, 4-二硝基苯肼放入 200 mL 锥形瓶中,加入 100 mL 1 mol/L 的盐酸溶液。把锥形瓶置于暗处,不时摇动,待 2, 4-二硝基苯肼完全溶解后,溶液过滤至棕色玻璃瓶中,冰箱冷藏保存备用。

(5)0.4 mol/L 氢氧化钠溶液:将 0.4 g 氢氧化钠溶解于 1 L 的容量瓶中。

3. 实验器材

试管、移液管、恒温水浴锅、分光光度计。

四、实验内容

1. 标准曲线的制作

取 6 支试管,按照表 9-12 分别加入相应试剂并操作。

表9-12　标准曲线的制备

试剂/mL	试管编号					
	0	1	2	3	4	5
丙酮酸钠标准溶液	0	0.05	0.10	0.15	0.20	0.25
谷丙转氨酶底物	0.50	0.45	0.40	0.35	0.30	0.25
磷酸盐缓冲溶液	0.10	0.10	0.10	0.10	0.10	0.10
在37 ℃恒温水浴中保温10 min						
2，4-二硝基苯肼溶液	0.50	0.50	0.50	0.50	0.50	0.50
在37 ℃恒温水浴中保温20 min						
氢氧化钠溶液	5.0	5.0	5.0	5.0	5.0	5.0
室温下静置30 min，以0号管为空白，测定520 nm处吸光度						

以各管相应丙酮酸的量（μmol）为横坐标，吸光度值A_{520}为纵坐标，绘制标准曲线。

2. 样品酶活力的测定

取2支试管并标号，1号试管为未知样品管，2号试管为空白对照管。按表9-13加入试剂并操作。

表9-13　样品酶活力测定实验

试剂/mL	试管编号	
	1	2
谷丙转氨酶底物	0.5	0.5
在37 ℃恒温水浴中保温10 min		
血清样品	0.1	0
摇匀，在37 ℃恒温水浴中保温60 min		
2，4-二硝基苯肼溶液	0.5	0.5
血清样品	0	0.1
氢氧化钠溶液	5.0	5.0
室温下静置30 min，以2号管为空白，测定1号管吸光度		

由吸光度值在标准曲线上查出相应丙酮酸的量（μmol），从而计算血清样品中转氨酶的活力。

五、结果与分析

血清中转氨酶活力测定的实验结果表9-14。

表9-14　实验结果记录表

吸光度值	标准曲线的制备(管号)						样品酶活力的测定(管号)	
	0	1	2	3	4	5	1	2
$A_{520\ nm}$								

根据1号管的吸光度值A_{520}在标准曲线上查出相应的丙酮酸的量(μmol),并计算100 mL血清样品中转氨酶的活力单位数(用1 μmol丙酮酸代表1.0单位酶活力)。

【注意事项】

谷丙转氨酶底物中的α-酮戊二酸与2,4-二硝基苯肼也能发生反应,生成α-酮戊二酸苯腙,从而影响吸光度值。因此,在制作丙酮酸含量的标准曲线时,也要加入一定量的底物溶液以抵消由α-酮戊二酸产生的影响。

思考题

1.血清中转氨酶活力的测定还有哪些方法?

2.血清中转氨酶活力的测定在临床上有何意义?

附录
常用缓冲溶液的配制方法

1. 甘氨酸－盐酸缓冲液（0.05 mol/L）

X mL 0.2 mol/L 甘氨酸+*Y* mL0.2 mol/L HCl，再加水稀释至 200 mL

pH	*X*	*Y*	pH	*X*	*Y*
2.2	50	44.0	3.0	50	11.4
2.4	50	32.4	3.2	50	8.2
2.6	50	24.2	3.4	50	6.4
2.8	50	16.8	3.6	50	5.0

甘氨酸分子量 = 75.07，0.2 mol/L 甘氨酸溶液含 15.01 g/L。

2. 邻苯二甲酸－盐酸缓冲液（0.05 mol/L）

X mL 0.2 mol/L 邻苯二甲酸氢钾 + 0.2 mol/L HCl，再加水稀释到 20 mL。

pH（20 ℃）	*X*	*Y*	pH（20 ℃）	*X*	*Y*
2.2	5	4.670	3.2	5	1.470
2.4	5	3.960	3.4	5	0.990
2.6	5	3.295	3.6	5	0.597
2.8	5	2.642	3.8	5	0.263
3.0	5	2.032			

邻苯二甲酸氢钾分子量 = 204.23，0.2 mol/L 邻苯二甲酸氢溶液含 40.85 g/L。

3.磷酸氢二钠－柠檬酸缓冲液

pH	0.2 mol/L Na_2HPO_4/mL	0.1 mol/L 柠檬酸/mL	pH	0.2 mol/L Na_2HPO_4/mL	0.1 mol/L 柠檬酸/mL
2.2	0.40	19.60	5.2	10.72	9.28
2.4	1.24	18.76	5.4	11.15	8.85
2.6	2.18	17.82	5.6	11.60	8.40
2.8	3.17	16.83	5.8	12.09	7.91
3.0	4.11	15.89	6.0	12.63	7.37
3.2	4.94	15.06	6.2	13.22	6.78
3.4	5.70	14.30	6.4	13.85	6.15
3.6	6.44	13.56	6.6	14.55	5.45
3.8	7.10	12.90	6.8	15.45	4.55
4.0	7.71	12.29	7.0	16.47	3.53
4.2	8.28	11.72	7.2	17.39	2.61
4.4	8.82	11.18	7.4	18.17	1.83
4.6	9.25	10.65	7.6	18.73	1.27
4.8	9.86	10.14	7.8	19.15	0.85
5.0	10.30	9.70	8.0	19.45	0.55

Na_2HPO_4分子量 = 141.98，0.2 mol/L溶液为28.40 g/L。

$Na_2HPO_4 \cdot 2H_2O$分子量 = 178.05，0.2 mol/L溶液含35.01 g/L。

$C_4H_2O_7 \cdot H_2O$分子量 = 210.14，0.1 mol/L溶液为21.01 g/L。

4.柠檬酸－氢氧化钠–盐酸缓冲液

pH	钠离子浓度 /$mol \cdot L^{-1}$	柠檬酸 $C_6H_8O_7 \cdot H_2O$/g	氢氧化钠 NaOH 97%/g	盐酸 HCl(浓)/mL	最终体积/L①
2.2	0.20	210	84	160	10
3.1	0.20	210	83	116	10
3.3	0.20	210	83	106	10
4.3	0.20	210	83	45	10
5.3	0.35	245	144	68	10
5.8	0.45	285	186	105	10
6.5	0.38	266	156	126	10

注：①使用时可以每升中加入1 g酚，若最后pH有变化，再用少量50%氢氧化钠溶液或浓盐酸调节，于冰箱保存。

5.柠檬酸－柠檬酸钠缓冲液(0.1 mol/L)

pH	0.1 mol/L 柠檬酸/mL	0.1 mol/L 柠檬酸钠/mL	pH	0.1 mol/L 柠檬酸/mL	0.1 mol/L 柠檬酸钠/mL
3.0	18.6	1.4	5.0	8.2	11.8
3.2	17.2	2.8	5.2	7.3	12.7
3.4	16.0	4.0	5.4	6.4	13.6
3.6	14.9	5.1	5.6	5.5	14.5
3.8	14.0	6.0	5.8	4.7	15.3
4.0	13.1	6.9	6.0	3.8	16.2
4.2	12.3	7.7	6.2	2.8	17.2
4.4	11.4	8.6	6.4	2.0	18.0
4.6	10.3	9.7	6.6	1.4	18.6
4.8	9.2	10.8			

柠檬酸 $C_6H_8O_7 \cdot H_2O$:分子量210.14,0.1 mol/L溶液为21.01 g/L。

柠檬酸钠 $Na_3C_6H_5O_7 \cdot 2H_2O$:分子量294.12,0.1 mol/L溶液为29.41 g/L。

6.乙酸－乙酸钠缓冲液(0.2 mol/L)

pH(18 ℃)	0.2 mol/L NaAc/mL	0.3 mol/L HAc/mL	pH(18 ℃)	0.2 mol/L NaAc/mL	0.3 mol/L HAc/mL
2.6	0.75	9.25	4.8	5.90	4.10
3.8	1.20	8.80	5.0	7.00	3.00
4.0	1.80	8.20	5.2	7.90	2.10
4.2	2.65	7.35	5.4	8.60	1.40
4.4	3.70	6.30	5.6	9.10	0.90
4.6	4.90	5.10	5.8	9.40	0.60

$Na_2Ac \cdot 3H_2O$ 分子量 = 136.09,0.2 mol/L溶液为27.22 g/L。

7.磷酸盐缓冲液

(1)磷酸氢二钠–磷酸二氢钠缓冲液(0.2 mol/L)。

pH	0.2 mol/L Na_2HPO_4/mL	0.2 mol/L NaH_2PO_4/mL	pH	0.2 mol/L Na_2HPO_4/mL	0.2 mol/L NaH_2PO_4/mL
5.8	8.0	92.0	7.0	61.0	39.0
5.9	10.0	90.0	7.1	67.0	33.0
6.0	12.3	87.7	7.2	72.0	28.0
6.1	15.0	85.0	7.3	77.0	23.0
6.2	18.5	81.5	7.4	81.0	19.0
6.3	22.5	77.5	7.5	84.0	16.0
6.4	26.5	73.5	7.6	87.0	13.0
6.5	31.5	68.5	7.7	89.5	10.5
6.6	37.5	62.5	7.8	91.5	8.5
6.7	43.5	56.5	7.9	93.0	7.0
6.8	49.5	51.0	8.0	94.7	5.3
6.9	55.0	45.0			

$Na_2HPO_4 \cdot 2H_2O$ 分子量 = 178.05,0.2 mol/L溶液为85.61 g/L。

$Na_2HPO_4 \cdot 12H_2O$ 分子量 = 358.14,0.2 mol/L溶液为71.628 g/L。

$NaH_2PO_4 \cdot 2H_2O$ 分子量 = 156.01,0.2 mol/L溶液为31.202 g/L。

(2)磷酸氢二钠–磷酸二氢钾缓冲液(1/15 mol/L)。

pH	1/15 mol/L Na_2HPO_4/mL	1/15 mol/L KH_2PO_4/mL	pH	1/15 mol/L Na_2HPO_4/mL	1/15 mol/L KH_2PO_4/mL
4.92	0.10	9.90	7.17	7.00	3.00
5.29	0.50	9.50	7.38	8.00	2.00
5.91	1.00	9.00	7.73	9.00	1.00
6.24	2.00	8.00	8.04	9.50	0.50
6.47	3.00	7.00	8.34	9.75	0.25
6.64	4.00	6.00	8.67	9.90	0.10
6.81	5.00	5.00	8.18	10.00	0
6.98	6.00	4.00			

$Na_2HPO_4 \cdot 2H_2O$ 分子量=178.05,1/15 mol/L溶液为11.876 g/L。

KH_2PO_4分子量=136.09,1/15 mol/L溶液为9.078 g/L。

8.磷酸二氢钾－氢氧化钠缓冲液（0.05 mol/L）

X mL 0.2 mol/L K_2PO_4 + *Y* mL 0.2 mol/L NaOH加水稀释至29 mL。

pH（20 ℃）	*X*/mL	*Y*/mL	pH（20 ℃）	*X*/mL	*Y*/mL
5.8	5	0.372	7.0	5	2.963
6.0	5	0.570	7.2	5	3.500
6.2	5	0.860	7.4	5	3.950
6.4	5	1.260	7.6	5	4.280
6.6	5	1.780	7.8	5	4.520
6.8	5	2.365	8.0	5	4.680

9.巴比妥钠–盐酸缓冲液

pH	0.04 mol/L 巴比妥钠溶液/mL	0.2 mol/L 盐酸/mL	pH	0.04 mol/L 巴比妥钠溶液/mL	0.2 mol/L 盐酸/mL
6.8	100	18.4	8.4	100	5.21
7.0	100	17.8	8.6	100	3.82
7.2	100	16.7	8.8	100	2.52
7.4	100	15.3	9.0	100	1.65
7.6	100	13.4	9.2	100	1.13
7.8	100	11.47	9.4	100	0.70
8.0	100	9.39	9.6	100	0.35
8.2	100	7.21		100	
	100				

巴比妥钠盐分子量=206.18，0.04 mol/L溶液为8.25 g/L。

10.Tris－盐酸缓冲液（0.05 mol/L，25 ℃）

50 mL 0.1 mol/L三羟甲基氨基甲烷（Tris）溶液与*X* mL 0.1 mol/L盐酸混匀后，加水稀释至100 mL。

pH	X/mL	pH	X/mL
7.10	45.7	8.10	26.2
7.20	44.7	8.20	22.9
7.30	43.4	8.30	19.9
7.40	42.0	8.40	17.2
7.50	40.3	8.50	14.7
7.60	38.5	8.60	12.4
7.70	36.6	8.70	10.3
7.80	34.5	8.80	8.5
7.90	32.0	8.90	7.0
8.00	29.2		

三羟甲基氨基甲烷(Tris)分子量=121.14,0.1 mol/L溶液为12.114 g/L。

Tris溶液可从空气中吸收二氧化碳,使用时注意将瓶盖严。

11.硼酸－硼砂缓冲液(0.2 mol/L硼酸根)

pH	0.05 mol/L 硼砂/mL	0.2 mol/L 硼酸/mL	pH	0.05 mol/L 硼砂/mL	0.2 mol/L 硼酸/mL
7.4	1.0	9.0	8.2	3.5	6.5
7.6	1.5	8.5	8.4	4.5	5.5
7.8	2.0	8.0	8.7	6.0	4.0
8.0	3.0	7.0	9.0	8.0	2.0

硼砂 $Na_2B_4O_7 \cdot 10H_2O$,分子量=381.37,0.05 mol/L溶液(=0.2 mol/L硼酸根)含19.07 g/L。

硼酸 H_3BO_3,分子量=61.83,0.2 mol/L溶液为12.37 g/L。

硼砂易失去结晶水,必须在带塞的瓶中保存。

12.甘氨酸－氢氧化钠缓冲液(0.05 mol/L)

X mL 0.2 mol/L 甘氨酸+*Y* mL0.2 mol/L NaOH加水稀释至200 mL。

pH	X	Y	pH	X	Y
8.6	50	4.0	9.6	50	22.4
8.8	50	6.0	9.8	50	27.2
9.0	50	8.8	10.0	50	32.0
9.2	50	12.0	10.4	50	38.6
9.4	50	16.8	10.6	50	45.5

甘氨酸分子量=75.07,0.2 mol/L溶液含15.01 g/L。

13. 硼砂-氢氧化钠缓冲液（0.05 mol/L 硼酸根）

X mL 0.05 mol/L 硼砂+*Y* mL 0.2 mol/L NaOH 加水稀释至 200 mL。

pH	*X*	*Y*	pH	*X*	*Y*
9.3	50	6.0	9.8	50	34.0
9.4	50	11.0	10.0	50	43.0
9.6	50	23.0	10.1	50	46.0

硼砂 $Na_2B_4O_7 \cdot 10H_2O$，分子量=381.43，0.05 mol/L 溶液为 19.07 g/L。

14. 碳酸钠-碳酸氢钠缓冲液（0.1 mol/L）

Ca^{2+}、Mg^{2+}存在时不得使用。

pH		0.1 mol/L Na_2CO_3/mL	0.1 mol/L N_2HCO_3/mL
20 ℃	37 ℃		
9.16	8.77	1	9
9.40	9.12	2	8
9.51	9.40	3	7
9.78	9.50	4	6
9.90	9.72	5	5
10.14	9.90	6	4
10.28	10.08	7	3
10.53	10.28	8	2
10.83	10.57	9	1

$Na_2CO_2 \cdot 10H_2O$ 分子量=286.2，0.1 mol/L 溶液为 28.62 g/L。

N_2HCO_3 分子量=84.0，0.1 mol/L 溶液为 8.40 g/L。

15.pH“PBS”缓冲液

pH	H_2O/mL	NaCl/g	Na_2HPO_4/g	NaH_2PO_4/g
7.6	1000	8.5	2.2	0.1
7.4	1000	8.5	2.2	0.2
7.2	1000	8.5	2.2	0.3
7.0	1000	8.5	2.2	0.4

主要参考文献

1. 蒋达和，杨明园，曹志贱，等. 生物化学实验指导[M]. 武汉：武汉大学出版社，2011.

2. 丛峰松. 生物化学实验[M]. 上海：上海交通大学出版社，2012.

3. 苟琳，单志. 生物化学实验[M]. 成都：西南交通大学出版社，2015.

4. 陈钧辉，李俊. 生物化学实验[M]. 5版. 北京：科学出版社，2015.

5. 王丽燕. 生物化学实验指导[M]. 北京：北京理工大学出版社，2017.

6. 宋素芹，李淑珍. 邻苯二甲醛测定血清胆固醇[J]. 山东医药，1983(04)：30-31.

7. 樊素科. 三种血清总胆固醇测定方法的探讨[J]. 江苏医药，1976(04)：62.

8. 任红莉，刘成，武红斌. 血清甘油三酯测定方法及测定中生物学变异的探讨[J]. 基层医学论坛，2009，13(23)：741-741.

9. 冯仁丰，黄晓岚. 酶法测定血清甘油三酯能否消除游离甘油的影响[J]. 上海医学检验杂志，2000，15(3)：129-131.

10. 李俊，张冬梅，陈钧辉. 生物化学实验[M]. 北京：科学出版社，2019.

11. 李立. 磷脂与疾病及其研究方法[M]. 银川：宁夏人民出版社，1993.

12. 武金霞. 生物化学实验教程[M]. 北京：科学出版社，2012.

13. 陈钧辉，李俊. 生物化学实验[M]. 北京：科学出版社，2014.

14. 高国全，王桂云. 生物化学实验[M]. 武汉：华中科技大学出版社，2014.

15. 杨荣武，李俊，张太平，等. 高级生物化学实验[M]. 北京：科学出版社，2012.

16. 马艳琴，杨致芬. 生物化学研究技术[M]. 北京：中国农业出版社，2019.

17. 田英，乔新惠. 生物化学实验与技术[M]. 北京：科学出版社，2016.

18. 童兴龙. 两种羟基氨基酸特异的颜色反应[J]. 生物化学与生物物理进展，1988，(01)：73.

19. 王子武. 浅析生物学实验中颜色反应的原理[J]. 生物学教学，2016，41(12)：66-67.

20. 宋梦婷，卜春艳，薛金梅. 免疫沉淀技术在蛋白质研究中的应用[J]. 中国医师进修杂志，2020，43(12)：1145-1149.

21. 姜学涯，钟彩丽，许尔昉，等. 蛋白质沉淀法快速检测牛奶中黄曲霉毒素M1的技术探讨[J]. 中国食品添加剂，2018，(07)：188-193.

22. 刘让东，许歆瑶，王薇薇，等. 固化pH梯度毛细管等电聚焦整体柱的制备及在蛋白质等电点分析中的应用[J]. 色谱，2019,37(10)：1090-1097.

23. 刘郁琪，覃小丽，阚建全，等. 酪蛋白与可溶性大豆多糖的酶促糖基化产物制备及其性能分析[J]. 食品科学,2020,41(19)：74-82.

24. 童占清. 改良双缩脲双试剂与单试剂法测定脂浊标本血清总蛋白比较分析[J]. 世界最新医学信息文摘,2018,18(66)：127.

25. 王谦. 改良双缩脲法测定血清总蛋白的方法与应用[J]. 中国厂矿医学,2007,(06)：668-669.

26. 齐振普，张敏，韩玉芳，等. 改良双缩脲法测定血清总蛋白[J]. 国外医学：临床生物化学与检验学分册,2005,(04)：201-203, 208.

27. 曹红翠. 紫外分光光度法测定蛋白质的含量[J]. 广东化工,2007,(08)：93-94+84.

28. 罗绍彬，张艺兵，阎建平，等. 紫外吸收法测定苏芸金杆菌伴孢晶体蛋白质的研究[J]. 微生物学杂志，1990,(04)：48-50.

29. 鲁子贤. 蛋白质化学[M]. 北京：科学出版社，1981.

30. 文树基. 基础生物化学实验指导[M]. 西安：陕西科学技术出版社，1994.

31. 张龙翔. 生物化学实验技术[M]. 北京：人民教育出版社，1981.

32. 卢锦斌，张利敏，徐秀容. 改良凯氏定氮法的研究进展[J]. 家畜生态学报，2020,41(12):84-87.

33. 孔美玲，张晓萍. 影响凯氏定氮法测定蛋白质准确度的因素探讨[J]. 现代面粉工业,2020,34(03):19-22.

34. 张泽泉，罗翠婷，李孔寿，等. 凯氏定氮法蛋白质测定的改进探讨[J]. 海峡预防医学杂志，2017,23(01)：64-66.

35. 刘选梅，陈江. 醋酸纤维薄膜电泳分离血清蛋白的方法改进研究[J]. 科技视界,2019,(08)：82-84.

36. 武洋，李颜敏. 醋酸纤维薄膜电泳法分离蛋白质实验材料比较[J]. 卫生职业教育,2017,35(24)：84-85.

37. 宫长斌，谢宁昌，盛爱红，曾杨. 血清蛋白醋酸纤维薄膜电泳在教学实验中的应用与改进[J]. 人人健康，2017,(16):261-262.

38. 严伟，袁向华. 生物化学实验[M]. 北京：科学出版社，2015.

39. 祁元明. 生物化学实验原理与技术[M]. 北京：化学工业出版社，2011.

40. 格林 M R，萨姆布鲁克 J. 分子克隆实验指南：第4版[M]. 贺福初，译. 北京：科学出版社，2017.

41.马志科，昝林森，张双奇. 秦川牛心肌细胞色素C提取纯化及鉴定的研究[J]. 家畜生态学报，2007，28(3)：90-93.

42.刘文静，郑永祥，张革，等. 生物分离法制备细胞色素C质量的影响因素[J]. 生物加工过程，2019，17(6)：569-575.

43.张美慧，王席娟，王艳，等. 大剂量细胞色素C在抢救儿童急性磷化氢中毒的临床作用[J]. 中国校医，2020，34(1)：9-12.

44.马谢克 D R，门永 J T，布格斯 R R，等.蛋白质纯化与鉴定实验指南[M]. 朱厚础，译.北京：科学出版社，2000.

45.王镜岩，朱圣庚，徐长法.生物化学[M].北京：高等教育出版社，2002.

46.邵美玲，毛歆，郭一清.生物化学与分子生物学实验指导[M].武汉：武汉大学出版社，2013.

47.胡凯，刘国花.分子生物学实验教程[M].北京：北京师范大学出版社，2019.

48.魏群，尹燕霞.分子生物学实验指导[M].北京：北京师范大学出版社，2015.

49.钟卫调. 基因工程技术实验指导[M].北京：化学工业出版社，2007.

50.萨姆布鲁克 J，拉塞尔 D W.分子克隆实验指南：第3版[M].黄培堂，译. 北京：科学出版社，2002.

51.许文亮，李学宝. 遗传学实验教程[M].武汉：华中师范大学出版社，2014.

52.冀玉良. 生物化学实验[M]. 辽宁：辽宁大学出版社，2019.

53.任峰，李学宝. 分子生物学实验教程[M].武汉：华中师范大学出版社，2013.

54.杨安钢，毛积芳，药立波. 生物化学与分子生物学实验技术[M].北京：高等教育出版社，2001.

55.赵学勤，焦成久，苏学良，等. 细胞中DNA含量测定：Ⅰ. 改进的二苯胺法[J]. 天津医药杂志，1991(9)：562-564.

56.周之超，石明明. 猪肝组织核酸的分离纯化及鉴定[J]. 湖北畜牧兽医，2009(08)：7-9.

57.李建武. 生物化学实验原理和方法[M].北京：北京大学出版社，1994.

58.陈钧辉，李俊，张太平，等. 生物化学实验[M]. 4版.北京：科学出版社，2008.

59.王战勇，孔俊豪.浓盐法和稀碱法提取啤酒废酵母核糖核酸的比较[J].化学与生物工程，2007，24(2)：60-62.

60.张丽，郭慧青，许国焕，等.钒钼酸铵显色定磷法检测核酸含量[J].广东饲料，2011，20(12)：35-37.

61.韩永光，韩春平，王蕾，等. 酶的特异性和影响酶作用的因素实验教学设计[J].

实验教学与仪器，2018,35(Z1):77-78+101.

62.沈伟云."影响酶催化作用的因素"的实验教学及体会[J].生物学教学，2016，41(09):42-43.

63.姚文兵.生物化学[M].北京:人民卫生出版社,2016.

64.赵小峰.碱性磷酸酶分离纯化和比活性测定实验的优化[J].生物学通报，2013，48(001):45-47.

65.李晓双，张浩，娄大伟.碱性磷酸酶检测方法研究进展[J].吉林化工学院学报，2019，036(005):6-11.

66.岳海凤,郜庆炉,薛香.小麦α-淀粉酶活性测定方法比较[J].陕西农业科学，2008(6)：6-7.

67.王若兰.发芽小麦α-淀粉酶活性的研究[J].郑州工程学院学报，2000，21(4)：18-22.

68.唐媛，刘恩泽,余海萍，等.钙离子对灌浆期藜麦淀粉及其合成酶活性的影响[J].宁夏大学学报，2021(42):67-74.

69.张艳霞.生姜蛋白酶的提取[D].山东:山东大学，2007.

70.俞建瑛，蒋宇，王善利.生物化学实验技术[M].北京:化学工业出版社，2005.

71.刘婧.猪血超氧化物歧化酶的提取、性质及其化学修饰研究[D].吉林:吉林大学，2011.

72.韩永达.猪血清乳酸脱氢同工酶的测定[J].兽医科技杂志，1983(10)：32-33.

73.万柏珍.乳酸脱氢酶同工酶琼脂糖凝胶电泳测定法[J].临床检验杂志，1984(01)：18-20.

74.张军力，梦亚萍，王育民,等.乳酸脱氢酶同工酶琼脂糖凝胶电泳的改良[J].内蒙古医学院学报，1998(03)：52-53.

75.钱国英，汪财生，尹尚军,等.生物化学实验技术与实施教程[M].浙江:浙江大学出版社,2009.

76.张振清，夏叔芳.大豆叶片蔗糖酶的分离纯化及其特性[J].植物生理学报，1984，10(1)：19-27.

77.冯耀.维生素趣谈[M].重庆:四川科学技术出版社,1999.

78.李建伍.生物化学实验原理和方法[M].北京:北京大学出版社,2001.

79.张蕾，刘昱,蒋达和,等.生物化学实验指导[M].武汉:武汉大学出版社，2011.

80.王文杰，贺海升，关宇,等.丙酮和二甲基亚砜法测定植物叶绿素和类胡萝卜素的方法学比较[J].植物研究，2009(02):224-229.

81.任永霞，王罡，郭郁频,等.类胡萝卜素概述[J].山东农业大学学报(自然科学版)，2005，036(003):485-488.

82.杨万政，曹秀君，李金淑,等.紫外分光光度法测定沙棘油中总类胡萝卜素方法改进[J].中央民族大学学报(自然科学版)，2009，18(3):5-8.

83.魏群.基础生物化学实验[M].3版.北京:高等教育出版社，2009.

84.魏述众，年燕兰，关风梅，等.发酵过程中无机磷的利用的实验改进[J].实验技术与管理，1990，7(1)：63-64.

85.杨志敏.生物化学实验[M].北京:高等教育出版社,2019.

86.姚文兵.生物化学[M].7版.北京:人民卫生出版社,2015.

87.李玉奇.食品生物化学实验[M].成都:西南交通大学出版社,2018.

88.韦庆益.食品生物化学实验[M].广州:华南理工大学出版社,2017.

89.杨芳，王中兴.生物化学实验脂肪酸β-氧化的改进[J].陕西农业科学，2011，3：54-55.

90.龚朝辉,郭俊明.生物化学与分子生物学实验指导[M].浙江:浙江大学出版社,2012.

91.FOLCH J,LEESM. A simple method for the isolation and purification of total lipids from animal tissues[J].Biol Chem,1957,226:499-509.

92.Smith P K，Krohn R I，Hermanson G T，et al. Measurement of protein using bicinchoninic acid[J]. Analytical biochemistry，1985，150(1)：76-85.

93.ZHANG Z S，XIAO Y H，LUO M，et al. Construction of a genetic linkage map and QTL analysis of fiber-related tarits in upland cotton [J]. Euphytica，2005，144:91-99.

94.LEENA S，WANDEE G.，SUCHADA N，et al. Quantitation of vita min C content in herbal juice using direct titration[J]. J Pharm Biomed Anal，2002，28(5)：849-855.93.TIAN L. Functional analysis of beta- and epsilon-ring carotenoid hydroxylases in Arabidopsis.[J]. The Plant Cell，2003，15(6)：1320-1332.

95. HOUTEN S M,WANDERS R J A. A general introduction to the bio -chemistry of mitochondrial fatty acid β-oxidation [J]. Journal of inherited metabolic disease，2010，33：469-477.

96.KILLIP T，PAYNE M A. High serum transa minase activity in heart disease-circulatory failure and hepatic necrosis [J]. Circulation，1960，21(5)：646-660.